东北多年冻土区
归一化植被指数和植被物候变化研究

郭金停◎著

中国原子能出版社

图书在版编目 (CIP) 数据

东北多年冻土区归一化植被指数和植被物候变化研究 /
郭金停著 . -- 北京：中国原子能出版社，2021.6
　　ISBN 978-7-5221-1437-8

Ⅰ.①东… Ⅱ.①郭 Ⅲ.①冻土区—植被—物候学
—研究—东北地区 Ⅳ.① Q948.15

中国版本图书馆 CIP 数据核字（2021）第 116655 号

内 容 简 介

多年冻土作为冰冻圈的重要组成部分对气候变化十分敏感。尤其是多年冻土上的植被，易受气候变化影响。植被不仅是陆地生态系统对气候变化响应的指示器，而且也会影响区域植被 NPP 与碳循环过程。东北多年冻土区位于北半球中、高纬度地区，是我国第二大多年冻土区，同时也是欧亚大陆多年冻土带的南缘，因此开展该区域植被 NDVI 与物候研究十分必要。本文利用 LTDR、MODIS 和 GIMMS NDVI 三种数据集对 1982—2014 年中国东北多年冻土区植被生长季 NDVI、不同季节 NDVI 以及生长季始期、生长季末期以及生长季长度三个物候参数进行研究，同时结合气象数据，研究植被对于气候因子变化的响应，最后分析了多年冻土退化对植被的影响。

东北多年冻土区归一化植被指数和植被物候变化研究

出版发行　中国原子能出版社（北京市海淀区阜成路 43 号 100048）
责任编辑　张　琳
责任校对　冯莲凤
印　　刷　三河市德贤弘印务有限公司
经　　销　全国新华书店
开　　本　710mm×1000mm　1/16
印　　张　13.125
字　　数　235 千字
版　　次　2022 年 4 月第 1 版　2022 年 4 月第 1 次印刷
书　　号　ISBN 978-7-5221-1437-8　定　价　70.00 元

网　　址：http://www.aep.com.cn　　E-mail:atomep123@126.com
发行电话：010-68452845　　　　　　版权所有　侵权必究

前　言

多年冻土作为冰冻圈的重要组成部分对气候变化十分敏感。尤其是多年冻土上的植被,易受气候变化影响。植被不仅是陆地生态系统对气候变化响应的指示器,而且也会影响区域植被 NPP 与碳循环过程。东北多年冻土区位于北半球中、高纬度地区,是我国第二大多年冻土区,同时也是欧亚大陆多年冻土带的南缘,因此开展该区域植被 NDVI 与物候研究十分必要。本书利用 LTDR、MODIS 和 GIMMS NDVI 三种数据集对1982—2014 年中国东北多年冻土区植被生长季 NDVI(归一化美值植被指数)、不同季节 NDVI 以及生长季始期、生长季末期以及生长季长度三个物候参数进行研究,同时结合气象数据,研究植被对于气候因子变化的响应,最后分析了多年冻土退化对植被的影响。主要结论如下:

(1)1982—2014 年东北多年冻土区植被生长季 NDVI 整体上具有显著增加趋势;除草原植被外,针叶林、阔叶林、针阔混交林、灌木林、草甸、沼泽以及农田等 7 种植被类型生长季 NDVI 均呈显著增加趋势;进一步分析植被 NDVI 与气温和降水的相关性表明,研究区整体上受到温度的控制,即生长季平均气温升高,导致植被生长季 NDVI 增加。研究区内草原植被主要分布在呼伦贝尔高原,该区属于半干旱地区,植被生长季 NDVI 受降水影响显著。

(2)1982—2014 年东北多年冻土区植被春季平均 NDVI 整体上具有显著增加趋势,通过相关分析得出,春季温度是春季 NDVI 变化的主导因子,春季温度增加,有利于植被覆盖增加;植被夏季平均 NDVI 具有极显著增加趋势,通过相关分析得出,夏季温度是夏季 NDVI 变化的主控因子,夏季温度升高,促进植被生长,局部地区如呼伦贝尔高原典型草原区域,该区属于半干旱地区,植被的生长主要受降水的控制;植被秋季NDVI 具有显著增加趋势,通过相关分析得出,秋季植被的生长主要受到秋季降水的控制,秋季降水量减少,有利于该区植被生长。

(3)1982—2014 年东北多年冻土区植被生长季始期整体上具有显著提前的趋势,植被生长季始期主要受到春季气温的影响,春季气温增加导致植被生长季始期提前；植被生长季末期整体上具有显著推迟的趋势，并与夏季气温和夏季降水量关系密切，夏季降水量减少或夏季气温增加均会导致植被生长季末期推迟；由于本书区生长季始期的提前和生长季末期的推迟导致该区植被生长季长度具有显著延长的趋势。

（4）不同多年冻土区植被生长季 NDVI 与季节性 NDVI 均具有增加的趋势，分析不同多年冻土区植被 NDVI 与气候因子相关性表明，短期来看，多年冻土退化对植被的生长具有积极促进作用，但是长期而言，由气温升高所引起的植被覆盖增加的幅度具有减弱的趋势，多年冻土退化会阻碍植被的生长。不同多年冻土区植被生长季始期均具有提前趋势，植被生长季末期具有推迟趋势，由此导致不同多年冻土区植被生长季长度均呈现延长趋势。通过比较不同类型多年冻土区植被物候参数变化幅度，结果表明，短期来看，多年冻土退化对植被物候具有积极的作用，使植被生长季延长，但是长期而言，多年冻土完全退化可能会弱化多年冻土区对于植被物候参数所产生的积极作用。

由于作者水平有限，加之时间仓促，错误和遗漏在所难免，恳请读者批评指正。

作　者

2021 年 1 月

目　录

第1章　绪论 ……………………………………………………… 1

　1.1　选题背景 …………………………………………………… 1

　1.2　国内外研究进展 …………………………………………… 4

　1.3　研究意义 …………………………………………………… 18

　1.4　研究内容 …………………………………………………… 19

　1.5　技术路线 …………………………………………………… 19

第2章　研究区概况 ……………………………………………… 20

　2.1　研究区概况 ………………………………………………… 20

　2.2　研究数据 …………………………………………………… 22

　2.3　研究方法 …………………………………………………… 33

　2.4　本章小结 …………………………………………………… 34

第3章　植被生长季 NDVI 变化及其对气候因子变化的响应 …… 35

　3.1　遥感数据一致性检验 ……………………………………… 35

　3.2　数据预处理 ………………………………………………… 37

　3.3　植被生长季 NDVI 变化分析 ……………………………… 38

　3.4　生长季气候因子变化分析 ………………………………… 43

　3.5　植被生长季 NDVI 的主导气候因子分析 ………………… 50

　3.6　讨论 ………………………………………………………… 56

　3.7　本章小结 …………………………………………………… 57

第4章　植被季节性 NDVI 变化及其对气候因子变化的响应 …… 58

　4.1　数据预处理 ………………………………………………… 58

　4.2　植被春季 NDVI ……………………………………………… 59

　4.3　植被夏季 NDVI ……………………………………………… 77

　4.4　植被秋季 NDVI ……………………………………………… 97

　4.5　本章小结 …………………………………………………… 115

第 5 章　植被物候变化及其对气候因子变化的响应 ·············· 116

　　5.1　数据预处理 ············· 116

　　5.2　物候生长季始期变化趋势及其对气候因子变化响应 ··· 123

　　5.3　物候生长季末期变化趋势及其对气候因子变化响应 ··· 135

　　5.4　物候生长季长度变化趋势及其对气候因子变化响应 ··· 147

　　5.5　本章小结 ············· 160

第 6 章　多年冻土退化对植被影响分析 ·············· 161

　　6.1　数据预处理 ············· 161

　　6.2　多年冻土退化对植被 NDVI 影响分析 ············· 161

　　6.3　多年冻土退化对植被物候影响分析 ············· 169

　　6.4　讨论 ············· 175

　　6.5　本章小结 ············· 176

第 7 章　结论与展望 ·············· 178

　　7.1　主要结论 ············· 178

　　7.2　存在问题与研究展望 ············· 180

参考文献 ·············· 183

第1章 绪 论

1.1 选题背景

  工业革命以来,人类社会发展进程不断加快,由于人类农业生产活动和大量化石燃料的燃烧,大气中温室气体浓度显著增加,尤其是二氧化碳的含量持续升高。大气中二氧化碳浓度从 1750 年的平均 280×10^{-6} 增加到 2005 年的 397×10^{-6},浓度升高了约 40%,呈直线上升的趋势。自1896 年瑞典科学家 Arrhenius 提出由人类活动引起的大气中二氧化碳浓度的增加可能会导致地球表面温度升高这一观点后,以二氧化碳为主的温室气体对全球气候变暖的影响成为研究的热点问题(方精云,2000)。气候变化专门委员会(IPCC)第五次评估报告指出,近百年来全球气候变暖毋庸置疑,1880—2012 年间温度升高了 0.85 ℃,尤其是近三十年,增温幅度尤为剧烈(IPCC,2013;沈永平,2013)。

  近年来,不同国际组织和研究学者的大部分研究结果均表明全球变暖这一事实(Warren 等,2013;Joshi 等,2011;Meehl 等,2007)。如PAGES2K 国际研究小组指出,1971—2000 年是陆地近 1 400 年来最温暖的时期(Ahmed 等,2013)。Solomon 等(2007)研究发现,与过去近一百年相比,全球平均气温上升了(0.74 ± 0.18)℃。Gillett 等(2011)认为全球气候变暖现象会持续数个世纪,不仅地球陆地表面温度增加,海水温度也会上升,同时南极部分冰雪融化,造成海平面上升。Otto 等(2013)研究结果表明,21 世纪以来,尽管气温升高的速率有所下降,但这并不会改变对整体温度升高的预测。

  国内大多数学者的研究结果揭示了我国也同样存在气候变暖的现象(葛全胜 等,2014)。近百年来,在全球气候变暖大背景下,我国年平均气温明显升高,达 0.5 ~ 0.8 ℃,较同期全球增加的温度平均值略高(孙凤华,2005)。王少鹏等(2010)研究显示,1961—2004 年间我国大部分地区温度上升速率超过了 0.05℃/a，且具有阶段性变化特征。同时气候预测模型表明，到 2050 年我国平均气温将增加 2.3～3.3℃（吕久俊，2009）。

北半球高纬度地区，年平均地表温度在 0℃以下，持续冻结时间在两年或两年以上的岩石和土壤被称为多年冻土（Harris 等，1988）。多年冻土是地球系统五大圈层之一——冰冻圈的重要组成部分，对气候变化响应十分敏感，多年冻土区也被认为是对气候变暖最为敏感地区之一，结合全球气候变暖的多年冻土研究已成为学者们广泛关注的议题（毛德华等，2012）。随着全球气候变化，多年冻土的冻融状况和稳定性等均有可能发生改变，多年冻土融冻期的提前以及土壤冻结时间的延长与多年冻土退化紧密相关（Poutou 等，2004）。基于区域遥感数据的监测研究表明，过去的 20～30 年间，北方高纬度地区的降雪覆盖时间存在不同程度的缩短，同时随着北方高纬度地区气候变暖，多年冻土不断退化（Jorgenson 等，2001）。由气候变暖引起的多年冻土退化往往表现为多年冻土区地表温度增加，多年冻土厚度减薄，最大季节融化深度增加，岛状多年冻土消失，多年冻土带北移（常晓丽 等，2013；Ran 等，2012）。长期的地面监测记录也表明，过去的近几十年里，北美北部多年冻土区的地表温度随着不断升高的气温和降雪覆盖状况的改变呈现增加的趋势，从而导致了北部广泛分布的多年冻土不断发生退化（Taylor 等，2006）。

我国多年冻土面积达 $2.15 \times 10^6 \, km^2$，占国土面积的 22.3%（周幼吾和郭东信，1982），广泛分布的多年冻土对其地上的植被覆盖、土地利用以及工程建设均具有重要影响（Buteau 等，2004；丁永建，1996；Woo 等，1992）。1956 年，辛奎德和任奇甲（1956）在整理过去东北多年冻土零星调查资料的基础上，发表了题名为"中国东北地区多年冻土的分布"一文，这是我国第一份关于东北多年冻土分布特征的系统总结。1963 年，周幼吾和杜榕恒（1963）首次向国内外报道了青藏高原多年冻土分布特征等研究成果，随后越来越多学者关注我国多年冻土的研究，标志着我国学者对多年冻土的特征和形成过程规律有了更加全面地认识。40 年以来，青藏高原年平均气温平均增加了 0.3～0.4℃，年均地表温度升高、活动层厚度增加、局部岛状多年冻土消失、融区范围扩大，导致多年冻土面积正在广泛缩小（王绍令，1997）。金会军等（2006）研究结果表明，如果未来 40～50 a 年气温比现今增加 1.0～1.5℃，东北岛状多年冻土区内的多年冻土大部分将发生退化，不连续多年冻土区将退化成岛状多年冻土区，连续多年冻土区将变成不连续多年冻土区。

由气候变化引起的多年冻土退化过程对寒区植被的生长、寒区水文特征以及整个寒区陆地生态系统都有着非常重要的影响（周梅等，2003；

金会军等,2000)。多年冻土退化导致冻土区水文模式、土壤中营养物质含量、土壤微生物活性、土壤质地和组成发生改变,进而影响地上植被组成、植被覆盖以及植被的净初级生产力(Net Primary Productivity, NPP)(毛德华等,2015;那平山等,2003;谭俊等,1995)。研究气候变化和多年冻土退化对植被的影响意义深远。植被作为连接土壤、大气与水分的自然"纽带",是陆地生态系统中最重要的组成部分(孙红雨等,1998)。植被不仅在生物圈内部起到重要的连接作用,而且是生物圈与其他圈层之间物质和能量交换的通道,地表稳定性、地表辐射特征以及水文特征均受到植被的影响,同时植被能够通过物质交换影响大气组成成分,其在全球的碳循环过程中起到举足轻重的地位(Barford 等,2001)。此外,植被也是动物界的基本食物来源和重要的栖息地,因此植被在陆地生态系统中,乃至整个生物圈以及地球系统中起到至关重要的作用(Chapin 等,2010;Kutzbach 等,1996;Running 和 Nemani,1988)。

植被的生长主要受温度以及降水的影响,对气候变化响应十分敏感,在全球气候变化研究中起到"指示器"的作用。许多研究表明,区域尺度甚至是全球尺度,气候变化通常被认为是植被动态变化的关键驱动因子。因此研究植被对气候变化的响应机制成为当今科学界面临的最重要、最紧迫的任务之一。归一化差值植被指数(Normalized Difference Vegetation Index,NDVI)是反映植被生长状况和植被覆盖程度的一个重要指标,是目前植被监测研究中常用的参数之一,它可以很好地反映地表植被的繁茂程度,其时间序列的变化对应着植被的生长和变化,因此被广泛地应用于大尺度植被活动动态变化的研究。植被物候是指植被受气候和其他环境影子的共同作用而出现的以年为周期的自然现象(张学霞等,2004),它是植物长期适应环境的季节性变化而形成的生长发育节律(陆佩玲等,2006)。植被物候对于年内气候因子的变化十分敏感,随着全球气候变化,植被物候也发生了相应的变化,即植被物候参数的变化,包括植被生长季始期、生长季末期以及生长季长度的变化。由植被生长季始期的提前或生长季末期的推迟所导致的植被生长季长度的延长会对植被的 NPP 以及植被碳循环等造成影响。因此研究植被 NDVI 与植被物候这两个植被生态参数有助于加强我们关于植被对气候变化响应的理解。

近 20 年来,遥感技术的发展为植被 NDVI 和植被物候区域尺度上的动态变化监测和研究提供了强有力的手段。遥感影像的近红外波段以及红外波段产生的 NDVI 数据可以较为准确地反映植被覆盖信息,同时可以基于 NDVI 数据提取植被物候参数,这为研究学者利用遥感手段监测植被动态变化提供了条件。同时与传统的野外观测记录方法相比,遥感技术不受监测时间和地理范围的限制,不仅可以节省时间和人力,而且具有时效性、大范围以及大尺度监测植被动态变化的优势。

目前国内外学者利用不同遥感数据源对植被 NDVI 和植被物候进行了全球不同时相,不同区域尺度的广泛研究。充分了解植被动态变化及其对全球气候变化的响应,为政府的宏观调控以及生态环境建设和保护起到了至关重要的作用。由于单一数据源在监测时间上的限制,当前的研究工作中长时间监测植被动态变化的研究较少(Tucker 等,2001)。东北多年冻土区位于北半球中、高纬度地区,是我国第二大多年冻土区,同时也是欧亚大陆多年冻土带的南缘(Wei 等,2011)。近年来,由于气候变暖,多年冻土已经发生显著退化(孙广友等,2007;刘庆仁等,1993)。相关研究表明,东北多年冻土退化的主要表现为地温升高、冻土厚度减薄、最大季节融化深度增加、岛状多年冻土消失以及多年冻土南界北移(魏智等,2011;Jin 等,2007)。然而由气候变化引起的东北多年冻土退化对植被覆盖以及植被物候变化的影响研究鲜有报道,因此研究长时间序列植被 NDVI 与物候的变化特征,探讨植被 NDVI 和物候对气候变化以及多年冻土退化的响应,可以加强对多年冻土退化所引起的生态环境影响的理解,同时为寒区生态系统对气候变化的响应研究提供科学依据。

1.2　国内外研究进展

1.2.1　植被 NDVI 对气候变化响应研究

基于遥感技术对植被的生长状况进行定性和定量评估主要是依靠绿色植物的反射光谱曲线,植物所特有的光谱曲线与土壤、水体等其他地物的光谱曲线差别显著。如图 1.1 所示,植物的反射光谱曲线以反射峰和吸收谷为主要特征,在可见光范围内主要受叶绿素等植物色素吸收作用的影响,在蓝光波段(0.45 μm)和红光波段(0.67 μm)各存在一个吸收谷,在这两者中间的绿光波段(0.54 μm)则存在一个小反射峰,而在红外波段的反射光谱曲线则主要受叶片细胞结构和植物含水量的控制,在 1.1 μm 处存在一个强反射峰,并在 1.45 μm、1.95 μm 和 2.7 μm 处各存在一个吸收谷。二者的光谱响应差别显著,可以用它们的比值、差分来增强隐含的植被信息。大部分绿色植物反射光谱曲线的变化趋势与图 1.1 相似,但具体细节也会随物种、生长时期和病虫害等因素变化(李娜,2015;张学霞等,2003)。因此,遥感监测中通常选用强吸收的可见光波段(0.6 ~ 0.7 μm)和高反射的近红外波段(0.7 ~ 1.1 μm)来计算植被指数(Vegetation Index)(赵英时,2005)。植被指数包括差值植被指数、比值植被指数、归一化植被指数、增强型植被指数、土壤调节植被指数等。其中归一化差值植被指数(NDVI)是植被指数中最常用的指标之一,它为近红外波段(NIR)与可见光波段(NIR)反射率之差与之和的比值,即 NDVI=(NIR-R)/(NIR+R),值域范围在 [-1,1] 之间(周梦甜 等,2015),负值表示地表覆盖为云、水、雪等对可见光高反射地物,0 表示地表覆盖为岩石或裸土,正值则代表地面覆盖为植被,且数值越高代表植被长势或盖度越高。本书中使用植被 NDVI 作为表征地表植被覆被变化的指标。NDVI 是反映植被对光和有效辐射吸收能力的一个较好指标,其与植被的生物物理指标具有很好的相关性,能够充分反映植被生长的季节变化与年际特征,通常被广泛地应用于全球与区域气候环境监测、农作物产量评估、生物量反演、干旱监测、湿地变化、城市化进程、植被动态变化以及植被物候特征信息提取等方面的研究中(Asrar 等,1984)。大尺度、长时间地进行植被 NDVI 趋势变化研究不仅可以监测植被覆盖、生产力、物候等方面的变化,同时也可以表征植被生长状况与生态绿化状况的好坏。随着遥感技术的不断发展,目前常用的植被 NDVI 时间序列产品主要有 NOAA Pathfinder AVHRR Land Data、GIMMS AVHRR NDVI、AVHRR LTDR NDVI、SPOT VGT NDVI、TM NDVI、MODIS NDVI 等。具有高时间分辨率、低空间分辨率的 NOAA/AVHRR 数据,因其监测范围覆盖全球、资料连续性好、获取数据费用低廉等特点被广泛地应用于全球和区域陆地植被变化研究中。

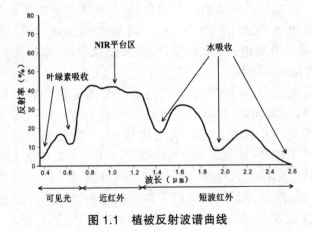

图 1.1　植被反射波谱曲线

Fig.1.1 Curve of vegetation reflectance spectrum

目前国内外已有许多学者基于植被 NDVI 数据在全球、大陆以及区域等大、中尺度上对植被年际变化进行研究。如 Myneni 等（1997）研究表明，气候变化导致全球植被活动在加强，尤其以北半球中高纬度地区显著。Zhao 和 Running（2010）利用 MODIS NDVI 数据对全球植被动态变化进行研究，结果表明，21 世纪初全球气候变暖导致北半球高纬度地区植被具有变绿的趋势，但由于持续气候变暖导致南半球发生干旱，使得南半球植被 NPP 出现下降的趋势。Post 等（2013）研究结果表明，由于全球气候变暖以及由气候变暖引起的海冰融化导致了北美洲的北极沿海地区开始生长植被。Piao 等（2011）对处于 23.5° N 以北的欧亚大陆区域 1982—2006 年植被覆盖状况进行了研究，结果表明，虽然整体研究时段内植被生长季 NDVI 具有显著增加的趋势，但是在研究时段内部植被 NDVI 的变化趋势存在两个相反的方向。Pearson 等（2013）研究结果显示，气候变暖使得北极圈内的绿色植被面积增加，同时利用模型预计到 2050 年，北极圈内的绿色植被面积将会增加约 52%。Epstein 等（2013）研究也显示在气候持续变暖的背景下，北极地区植被显著变绿。

我国学者方精云等（2003）研究发现，近 20 年来中国植被活动也在加强。朴世龙和方精云（2003）研究表明，20 世纪八九十年代中国植被覆盖下降的区域主要集中在青藏高原和西北地区，植被 NDVI 增加区域主要分布在东北湿润、半湿润地区。马明国等（2003）对中国西北地区植被 NDVI 进行研究，发现中国西北植被覆盖在近 21a 里存在普遍退化的趋势。彭小清等（2013）对祁连山黑河流域植被 NDVI 时空变化进行了研究，结果表明，1999—2011 年研究区绝大部分区域植被年累计 NDVI 以及年均 NDVI 具有增加的趋势。戴声佩等（2010a）利用 SPOT NDVI 数据分析了祁连山草地植被覆盖的时空变化特征，表明祁连山草地 NDVI 呈现缓慢增加的趋势。张仁平等（2015）利用 MODIS NDVI 数据研究 2000—2012 年中国北方草地 NDVI 的变化趋势，结果表明，草地退化区域的面积大于改善区域的面积。

许多研究表明，不同植被类型的植被覆盖变化趋势不同。如 Piao 等（2003）利用 GIMMS NDVI 数据研究了我国 1981—1999 年的植被覆盖年际变化规律，结果表明，农田植被 NDVI 增加尤为显著。罗玲等（2009）基于 GIMMS 数据分析了中国东北地区 1982—2003 年不同植被类型的 NDVI 变化趋势，结果表明，针叶林、草丛、草原 NDVI 表现出增加趋势，阔叶林、灌丛、沼泽、农田以及草甸植被覆盖呈下降趋势。于健等（2015）研究发现 1982—2006 年长白山东坡森林植被年平均、夏季以及生长季 NDVI 均表现出缓慢下降趋势。索玉霞等（2009）分析了中亚地区 1982—2002 年不同植被类型的植被 NDVI,发现常绿林、高山草甸植被 NDVI 呈一定的增加趋势,落叶林、农田、草原以及草原化荒漠等植被类型未发生显著变化。王永财等(2014)对 1998—2011 年海河流域不同植被类型植被覆盖变化进行分析,表明研究区内森林、农田以及湿地植被覆盖有所改善。

不同季节植被 NDVI 变化也存在差异。Piao 等(2003)研究了我国 1982—1999 年植被季节 NDVI 的时空变化特征,发现尽管春、夏、秋三个季节 NDVI 均有所增加,但春季 NDVI 增加比率最大,其次是夏季和秋季。Piao 等(2006)研究了我国温带草原不同季节植被 NDVI 变化特征,结果表明,草原区春季和秋季 NDVI 增加幅度基本相同,夏季 NDVI 增加幅度低于春季和秋季。孙艳玲和郭鹏(2012)研究表明,相比其他季节,秋季 NDVI 增加显著。

植被与气候之间的关系是相互的,植被不仅受到气候变化的影响,也可以通过改变地表覆盖率、反射率、粗糙度以及蒸散率等对局地气候产生影响(王永立等,2009;周广胜等,2004)。因此植被与气候因子的关系研究成为目前全球气候变化研究中的热点问题。

气候变化是引起陆地植被覆盖变化的主要原因之一(陈云浩等,2001),气温和降水被认为是影响地表植被动态变化的两个重要的气候因子。气温升高有利于有机质分解,提高土壤养分含量,同时也能有效地提高植被光合作用效率,从而使植被 NDVI 增加。降水量增加,提高了土壤的湿度,为植被的生长提供可利用的水分,同样也可以使植被 NDVI 增加(侯光雷等,2012)。

国外学者 Ichii 等(2002)在全球尺度上分析气候变化与植被 NDVI 的关系,结果表明,在北半球中高纬度地区春秋季 NDVI 与温度显著相关,NDVI 值随温度的升高而增加。Lucht 等研究表明,高纬度地区植被变绿主要受温度影响(2002)。高纬度地区如北美洲北部以及北极地区的植被 NDVI 与温度关系更为紧密(徐丽萍 等,2014)。Raumusen(1998)利用 NDVI 数据研究气候变化对植被的影响,发现 NDVI 与降水量呈高度相关关系。Yang 等(1998)研究了 1989—1993 年北美草原气候与 NDVI 的关系,结果表明,NDVI 与春季和夏季累计降水量表现出正相关关系。Farrar 和 Nicholson(1994)研究表明,在非洲波兹瓦纳地区,当年降水量小于 500 mm 或月降水量在 50 ~ 100 mm 时,NDVI 与降水呈现线性相关。Herrmann 等人(2017)对 1982—2003 年间非洲撒哈拉地区的植被进行研究,结果表明,研究区内植被变绿主要是由降水的增加导致。然而也有研究表明,植被 NDVI 的年际变化趋势与气候变化并不高度相关(Schultz

和 Halpert,1995）。综合国外学者研究成果发现,植被 NDVI 对气候因子的响应在一定程度上存在着区域差异。

国内学者在分析全国范围内的植被 NDVI 与气候因子关系的研究中也发现,植被 NDVI 对气候因子的响应不仅存在区域差异,而且不同植被类型对气候因子变化敏感性不同。陈云浩等（2001）研究了 1983—1992 年中国陆地 NDVI 与气候因子的关系,表明中国植被 NDVI 变化与气候因子驱动存在区域差异。Piao 等（2004）研究了中国植被生长季 NDVI 时空变化特征,发现在整个国家尺度上植被的生长主要受气温影响,区域尺度上植被对降水的变化更为敏感。Peng 等（2011）通过研究我国植被变化发现中国北部区域秋季 NDVI 整体上具有增加的趋势,且与秋季温度的变化关系密切。毕晓丽等（2005）利用 AVHRR NDVI 数据对中国 1992—1996 年植被 NDVI 及气候因子的关系进行研究,表明 NDVI 与降水的相关性大于 NDVI 与温度的相关性。杜艳秀等（2015）研究表明,2001—2008 年间沱江流域的植被 NDVI 与气温和降水均呈现高度正相关,且 NDVI 与温度的相关性大于 NDVI 与降水的相关性。郭妮等（2008）研究发现,西北地区近 20a 来植被 NDVI 与气温和降水均具有良好的相关关系。戴声佩等（2010b）研究证实对于中国西北干旱半干旱地区植被而言,植被生长主要受降水量控制。张翔和王勇（2014）研究表明,相对于湿润区,干旱区植被对降水更加敏感。Bao 等（2014）分析了蒙古高原植被生长季 NDVI 与气候因子的关系,发现 20 世纪 90 年代中晚期,植被 NDVI 增加主要是由温度和降水共同影响,此后由于研究区内降水量的减少导致植被 NDVI 具有显著的下降趋势。Sun 等（2015）研究发现,1981—2010 年黄土高原植被 NDVI 具有增加的趋势,受水分限制小的区域,植被的生长主要受到温度控制。陈琼等（2010）分析了三江源地区植被生长季 NDVI 与气候因子相关关系,结果表明,对于三江源生长季植被生长而言,自身的水分条件优于温度条件,温度是该地区植被生长的主导因子,且随着温度的升高,生长季植被 NDVI 具有增加的趋势。徐丽萍等（2014）利用 GIMMS 和气象站点数据对天山北坡植被 NDVI 对气候因子的敏感性进行分析,发现研究区内植被 NDVI 对气温敏感性较低,对降水的敏感性较高。刘灿等（2013）揭示重庆市植被覆盖变化与温度和降水均具有很好的相关性,且温度对植被的影响超过降水对植被的影响。李晓兵等（2000）研究表明,降水对植被的影响存在明显的区域差异。Piao 等（2006）进行了中国温带草原对气候变化响应的研究,表明植被生长季 NDVI 与降水量密切相关,随着研究区温度的升高,NDVI 对温度变化的敏感度下降。李霞等（2007）研究中国北方温带草原与气候因子的相关性,发现不同草地类型 NDVI 与温度和降水相关性不同。李本纲等研究表明对中国大部分地区而言,气温对植被的影响大于降水对植被的影响,且不同植被类型对气温的敏感性有所差异。除气温和降水外,其他环境因子如地形、土壤条件也会对植被 NDVI 产生影响。如赵玉萍等(2009)1982—2003 年对藏北高原草地生态系统 NDVI 与气候因子关系进行研究,结果表明,藏北草地 NDVI 与气候因子的关系受植被类型、年降水量、海拔和年平均风速的影响。孙红雨等(1998)基于 NOAA 时间序列数据分析了中国地表植被覆盖变化及其与气候的因子的关系,发现植被指数的变化在大范围上受水热条件的驱动,除此之外在局部范围内植被 NDVI 的变化还受到地形、土壤类型、土壤水分、植被类型等因素的影响。综合国内目前对于植被 NDVI 与气候因子关系研究进展情况,表明气温和降水仍然是影响植被生长的两个主要的气候因子,不同研究区域以及不同植被类型 NDVI 对气候因子变化的响应有所差异。

东北地区作为全球气候变化的敏感区之一,在国际地圈—生物圈计划(IGBP)以及全球变化的研究中具有重要意义。针对东北而言,目前的研究进展主要有:国志兴等(2008)研究认为 1982—2003 年间中国东北地区植被覆盖总体表现出缓慢下降的趋势,同时国志兴等也对东北森林地区植被 NDVI 与气温和降水分别进行相关、偏相关和复相关分析,结果表明,气温是东北森林植被生长的主控因子。王宏等(2005)研究表明,东北地区寒温带针叶林与温带高山落叶阔叶林的 NDVI 与气温和降水的相关性最强。王宗明等(2009)研究表明,东北植被的生长主要受温度的控制,与降水量关系不大。罗玲等(2009)研究发现,相比降水而言,东北地区植被 NDVI 受气温的响应更为显著。毛德华等(2011)结合 GIMMS 和 MODIS 两种 NDVI 数据集分析了 1982—2006 年东北冻土区植被生长季 NDVI 的时空变化特征,研究表明,不同植被类型生长季 NDVI 值由大到小依次为:森林 > 灌丛 > 沼泽 > 农田 > 草地,且 NDVI 与年平均气温呈现显著正相关,气温是影响东北冻土区生长季植被 NDVI 的主导气候因子。目前关于东北地区植被 NDVI 变化的研究很多,而且也取得了较大的研究成果。但是大部分研究未在空间像元尺度上对植被 NDVI 时空变化特征及其与气候因子相关性进行分析,只是在研究区整体尺度以及不同植被类型尺度进行研究,缺少空间详细信息,并且所使用的长时间序列 NDVI 数据具有较粗的空间分辨率,因此在基于较高分辨率 NDVI 数据集的基础上,开展东北多年冻土区长时间序列植被 NDVI 时空变化特征研究十分必要。

1.2.2 植被物候对气候变化响应研究

物候学是研究自然界以年为周期重复出现的各种生物现象发生的时间及其与非生物环境周期性变化相互关系的一门学科,它的主要研究对象包括植物的开花、展叶、叶变色和落叶,同时也包括鸟类、昆虫等动物的始见、迁移、绝见等(竺可桢等,1999;Schwartz,1998;Helmut,1975)。人们对物候现象的观测和记录可以追溯到古代,如北宋诗人苏轼的《惠崇春江晚景》中提到:竹外桃花三两枝,春江水暖鸭先知,蒌蒿满地芦芽短,正是河豚欲上时。到了近现代,为了研究植被物候与环境之间的关系,植被物候观测网络开始建立。植被物候会受到气候、水文、土壤、地形和人类活动等因素影响,通常被看作是环境变化的指示器(金佳鑫等,2011)。

常用的物候观测方法主要包括定点的野外台站观测以及遥感监测(Zeng等,2011;Zhang等,2003;郑景云等,2002)。定点的野外台站观测通常是指在相对固定并能代表监测区环境的地点,选择3～5株正常生长的植株个体作为观测对象,当监测到所观测的植株个体开始发生展叶并达到某个百分比,如10%时,就可以将当日观测的日期视为该植株个体的生长季始期(陈效逑和王林海,2009)。定点观测方法能够客观、准确地从个体尺度上监测到某一物种萌芽、展叶、开花、叶变色、落叶等生长过程,但需要耗费大量人力、物力,而且目前所建立的物候观测站点分布并不均匀,不利于长时间、大范围尺度观测物候现象以及进行深入的物候变化研究(崔凯等,2012),但是定点观测获得的数据可以作为遥感观测的验证(宛敏渭,1979)。相比定点观测方法,遥感监测以其覆盖范围广、时空连续性强、成本低廉等优势,已经被广泛地应用到全球和区域尺度的物候时空变化及其响应机制的研究中,同时遥感监测能够为定点观测提供补充和支持,从而将物候研究从植株个体尺度扩展到了区域,乃至全球尺度(陈效逑和王林海,2009)。

目前针对遥感监测方法提取植被物候参数主要借助于植被指数,较为常用的是 NDVI。对生长季集中于一年内的植被来说,NDVI 曲线呈现出如图 1.2 所示的变化特征,即 NDVI 峰值出现在夏季,在这前后,NDVI 值快速升高或迅速下降。植被年内的生长变化情况可以通过将一年内遥感影像获取的各个时段的植被 NDVI 值连成曲线反映出来。本书涉及的植被物候参数包括生长季始期、生长季末期以及生长季长度是针对遥感监测方法而言。生长季始期是指春季植被开始增长的日期或者植被光合作用开始恢复增长的日期,只有当区域地表植被绿色面积足够多时,才能够被传感器所识别。生长季末期是指秋季植被光合作用以及绿色叶面积开始迅速下降的日期,只有监测区域的绿色面积足够少时,才能与生长季始期一样,被传感器所识别。生长季长度即为生长季末期与生长季始期的差值(Zhang 等,2003)。

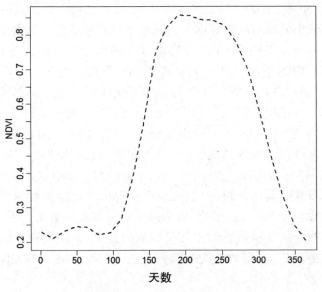

图 1.2　NDVI 曲线图

Fig. 1.2 Curve of NDVI

通过遥感影响获取的植被 NDVI 值不能直接提取物候参数,因而近年来发展了许多针对 NDVI 曲线的物候提取方法。目前比较常见的方法包括阈值法、最大斜率法、移动平均法以及曲线拟合法等。阈值法是指当 NDVI 曲线增加到某个阈值时,此时所对应的日期就是生长季始期,类似地生长季末期则指植被 NDVI 值低于某阈值时所对应的日期(Justice 等,1985)。Lloyd 等(1990)最早使用 NDVI=0.099 时,NDVI 所对应的日期作为植被生长季始期。Markon 等(1995)将植被 NDVI=0.17 作为植被生长季始期阈值。Fisher(1994)利用 NDVI=0.19 作为阈值确定植被的返青期。Zhou 等(2001)将 NDVI=0.3 作为植被生长季始期的临界值,以此为基础分析亚洲北部森林植被物候特征。在固定阈值方法基础之上发展起来的动态阈值法是将植被指数首次增长或降低到当年振幅一定比例(如 20%、30%、50%、80%)所对应的时刻分别定义为植被生长季始期和生长季末期。阈值法简单有效,但阈值的选择受人为主观的控制,在实际运用中需要综合考虑研究区植被类型、气候、土壤和水文等环境因素的影响,这在一定程度上限制了阈值法的应用。最大斜率法也称导数法,是指计算年内 NDVI 时间序列数据曲线的一阶导数的最大值和最小值,将其所对应的日期当作植被生长季始期和生长季末期(Yu 等,2010)。如 Piao 等基于 AVHRR NDVI 数据利用斜率法研究了我国温带植被的物候变化特征。Zhang 等(2003)利用 MODIS EVI 数据时间序列曲线的一阶导数最大值和最小值所对应的日期分别视为植被物候的生长季始期和生长季末期。1994 年,Reed 等(1994)提出了一种滑动平均的方法,即首先计算移动窗口内的平均 NDVI 值,从而得到一条随时间变化的滑动平均值曲线,然后通过滑动平均值曲线与原始变化曲线的交点识别植被生长季始期和生长季末期。移动窗口大小的选择是确定植被物候参数的关键,它的确定因植被类型的不同而有所差异,即需要依据不同植被类型的生长季长度来确定移动窗口的大小,因此在实际的应用中也存在一定局限(Xia 等,2013)。曲线拟合法是指采用不同的数学函数曲线对植被 NDVI 的年内季节性变化特征进行拟合,从而获得植被物候参数的方法。比较常见的函数包括 Logistic 函数、高斯函数以及谐波函数等。其中 Logistic 函数最早被应用于植被物候参数提取的研究中,应用此种方法提取的物候参数与地面定点观测数据具有很好的一致性(Fisher 等,2007;Fisher 等,2006;Zhang 等,2004)。

近年来随着遥感物候研究的不断深入,越来越多学者在提取植被物候参数时不仅局限于具体某一种提取方法,而且依据所研究的区域、植被类型等条件综合运用各种方法。如 Jonsson 和 Eklundh(2002)提出了利用高斯局部函数建立一个复杂全局模型来拟合 NDVI 曲线,随后采用动态阈值法提取物候参数。Zhang(2003)认为植被年内的生长曲线类似于 logistic 函数曲线,在植被生长前半时段,采用逐渐上升的 logistic 函数对植被进行拟合,在植被生长后半时段,则利用一个逐渐下降的 logistic 函数对植被进行拟合,最后通过计算分段 logistic 函数的斜率最大值来确定植被的物候参数。此后也有学者提出了双逻辑斯蒂函数提取物候的方法(Berk 等,2006;Butt 等,2011;Busetto 等,2010)。除此之外,也有学者采用傅里叶变化、小波变换以及谐波分析(HANTS)的方法,但应用这些方法的前提是需要对研究区域非常熟悉,而且使用这些方法的生态学意义不易解释(Bradley 等,2007;Sakamoto 等,2005)。

不同研究区以及采用不同物候提取方法,所得结果不同,这就使得研究结果存在一定的不确定性。Hird 和 McDermid(2009)采用分段高斯函数、双逻辑斯蒂函数、Savitzky-Golay 滤波、中值滤波、均值滤波等方法对加拿大落基山脉地区的 NDVI 数据进行了重建,结果表明,双逻辑斯蒂函数和分段高斯函数要优于其余几种方法。Liu 等(2016)采用多种方法提取中国温带区域植被秋季物候,研究发现尽管利用不同方法提取的秋季物候变化幅度有所不同,但对研究时段的秋季物候变化趋势是一致的,这也暗示了利用遥感方法进行研究物候的可行性。综上所述,目前国内外学者对于植被遥感物候参数的提取建立了一系列的研究方法,每一种方法均有其各自的优缺点,在实际的遥感物候研究中,应该根据研究目的、范围尺度以及所选遥感数据源特点选择适合本书区的物候提取方法。

近几十年以来,国内外许多学者在全球、大洲以及区域等尺度上对植被物候动态变化进行了深入研究。如 Myneni 等(1997)基于 AVHRR NDVI 数据分析了 1981—1991 年北半球陆地植被物候参数变化,结果表明,植被生长季始期提前了 8 d,生长季末期推迟了 4 d,由此导致了整个生长季长度延长了 12 d。Tucker 等(2001)研究发现,1981—1999 年北半球高纬度地区生长季始期具有提前的趋势。Juline 等(2009)基于 GIMMS NDVI 数据集对全球陆地表面植被物候进行了研究,发现 1982—2003 年生长季始期提前 0.38 d/a,生长季末期推迟 0.45 d/a,生长季长度延长了 0.8 d/a。Zhu 等(2012)对北美中高纬度地区 1982—2006 年植被物候变化进行研究,结果显示生长季末期推迟了 0.55 d/a,生长季长度每年延长 0.68 d。Jeong 等(2011)分析了北半球温带植被 1982—2008 年的物候时空变化特征,结果显示 1982—1999 年植被生长季始期提前了 5.2 d,而 2000—2008 年,生长季始期仅提前了 0.2 d,对于植被生长季末期而言,1982—1999 年间推迟了 4.3 d,随后的近十年推迟了 2.3 d,这在一定程度上暗示了植被物候参数存在阶段性变化的特征。我国学者 Piao 等(2010)利用遥感数据分析了中国温带植被 1982—1999 年的物候变化特征,研究表明生长季始期提前 0.79 d/a,生长季末期推迟 0.37 d/a,进而生长季长度延长 1.16 d/a(方综述)。宋春桥等(2011)利用 MODIS EVI 数据分析了藏北高原植被 2001—2010 年物候变化,发现研究,将近 60%的像元内植被返青期具有提前趋势。武永封等(2008)研究表明,我国北部大部分地区的植被物候生长季始期均表现出明显的提前趋势。张戈丽等(2011)研究表明,内蒙古东部区域植被生长季长度显著延长。以上大部分研究均表明,近几十年陆地表面尤其是北半球中高纬度地区植被生长季长度具有延长趋势,且主要表现在生长季始期提前或末期的推迟。但也有一些研究与之前的结果相反,如 1980s—1990s,北半球中高纬度地区春季物候明显提前,之后春季物候则出现推迟现象(Wu 等,2013;Guo 等,2013)。Yu 等(2003)发现 1982—1999 年内蒙古荒漠草原植被生长季始期具有推迟的趋势。随后 Wang 等(2006)也发现内蒙古锡林郭勒草原生长季始期普遍推迟。由于不同学者所采用的遥感数据源以及物候参数提取方法等方面的差异,不仅存在区域差异,而且即使针对同一地区物候研究所得出的结论也有可能不同(Ding 和 Chen,2007)。

许多研究表明,植被物候变化差异不仅存在地域差异,而且不同植被类型的物候变化趋势也有所不同。如 Shrestha 等(2012)研究发现,喜马拉雅地区森林植被生长季始期显著提前,同时 Jeong 等(2011)研究表明,欧洲以及北美温带森林生长季末期显著推迟。国志兴(2010)等发现我国东北地区针叶林和沼泽生长季长度具有延长趋势,而阔叶林和草甸生长季长度未发生显著变化。王宏等(2007)分析了我国北方植被物候变化特征,揭示了不同植被类型生长季趋势变化不同。贾文雄等(2016)研究了祁连山不同植被类型的物候变化,结果表明,祁连山地区不同植被生长季始期和生长季末期随年际变化显现出波动提前或推迟,其中变化波动最大的为沼泽植被。余振等(2010)利用 AVHRR NDVI 数据分析了我国东部南北样带不同植被类型的物候变化,发现温带、亚热带以及热带草丛等植被物候返青期显著提前,寒温带和温带针叶林等植被休眠期显著推迟。李明等(2011)研究表明,长白山地区林地生长季始期早于农田和草地,生长季末期却晚于农田和草地。

植被物候是植物本身与其外部因素相结合的产物,它是物质流和能量流相互交换与积聚的过程(王连喜 等,2010)。气候通过影响植物呼吸和光合作用的时间长短,从而影响全球植被与大气间碳循环的分布格局(Cleland 等,2006;Piao 等,2008)。由气候变化所引起的植被物候变化的研究成为国内外学者广泛关注的课题。

气温被认为是影响植被物候变化最为显著的气候因子。酶活性影响着植物的各种生理活动强度,气温的升高或降低会促进或抑制酶的活性,影响酶在参与植物生理活动过程中所发挥的作用,从而导致植被物候过程发生改变(Li 等,2006)。如 Myneni(1997)研究发现,温度增加对北半球高纬度地区的植被生长季起到积极促进作用,即温度升高,植被生长季具有延长趋势。Tucker 等(2001)对北纬 35° 以上的区域 1982—1999 年植被物候进行研究,发现与其他气候因子相比,温度是导致植被光合作用明显增强以及植被生长季长度显著延长的主导因子。Zeng 等(2013)研究发现,北半球植被生长季始期的提前以及生长季末期的推迟主要是由于温度的升高导致。Gong 和 Ho(2003)利用 1982—2000 年 Pathfinder NDVI 数据对欧亚大陆和北美地区的植被物候进行研究,结果表明,春季植被物候与温度具有较好的相关性。Chmielewski 和 Rötzer(2001)研究了欧洲气候变化对植被物候的影响,结果表明,春季平均气

温以及年平均气温升高 1℃,植被生长季始期提前 7 d,生长季长度延长
5 d。Delbart 等(2006)对西伯利亚 1982—2004 年植被物候进行研究,
发现 1982—1991 年植被生长季始期提前 7.8 d,而在 2000—2004 年间
植被生长季始期延后 7d,整个研究时段内呈现出的生长季始期的波动变
化与温度的波动性存在很好的一致性。国内学者 Cong 等(2012)对我国
北纬 30° 以上区域植被物候进行了研究,发现植被生长季始期与温度具
有显著的负相关关系。徐浩杰和杨太保(2013)使用 MODIS NDVI 数据
研究了黄河源区高寒草地物候与气候因子的关系,发现春、秋季气温增
加可能是引起黄河源区高寒草地生长季始期提前和生长季末期推迟的主
要原因。许多学者基于 NOAA NDVI 数据研究我国东部南北样带植被物
候变化特征,均得出温度是影响植被物候变化的主要气候因子(何月 等,
2013;曾彪,2008),并且随着温度升高,植被生长季延长。然而最近有人
提出了不同的观点,认为温度的增加可能引起植被生长季始期的推迟。
如 Yu 等(2010)对青藏高原地区植被物候进行了研究,结果表明,前一年
冬季与当年春季的温度都会对春季物候产生影响,即前一年冬季温度升
高,当年春季物候推迟,当年春季温度升高会使春季物候提前,但前一年
冬季温度升高对于春季物候的推迟作用大于春季温度升高对于春季物候
的提前作用,主要原因是由于冬季温度升高会减缓植被低温需求的累积,
从而推迟植被的春季物候。

　　除温度外,水分也是影响植被生长发育的重要因子,土壤水分条件
状况的好坏直接影响土壤类型、肥力等,在植物生长发育期,土壤水分的
缺失会直接延缓植物的生长发育进程,使植物发育的物候期延迟。尤其
是在水分条件相对限制的干旱、半干旱地区(Piao 等,2006)。Tateishi 和
Ebata(2004)研究发现,对于澳洲和非洲的草原以及稀疏草原地区,植
被生长季的延长完全受到降水的控制。Cavenderbares 等(2009)表明以
依靠降水而维持的植物开花期与土壤中可利用的水分关系密切。Lotsch
等(2005)分析了 1999—2002 年北美和欧亚大陆植被的状况,发现降水
减少导致这些区域植被活动降低。Cong 等(2012)使用 1982—2010 年
GIMMS NDVI3g 数据对我国北纬 30° 以上区域植被物候进行研究,发现
对草地与草甸而言,降水是控制其物候变化的主导因子。Yu 等(2003)
通过对蒙古草原的物候研究表明,春季降水对典型草原植被返青期起到
主导作用。Wu 和 Liu(2013)研究了我国温带区域植被物候变化特征,
发现对于半湿润半干旱地区来说,前一年冬季降水与来年植被物候始期
关系密切,降水的增加能够使该研究区植被春季物候提前。

　　除温度和降水外,植被物候变化还受其他因素的影响,如光照强

度（Craufurd 和 Qi，2001；Collinson 等，1992）、人类活动包括森林砍伐（Koltunov 等，2009）、土地利用变化（徐鹏雁 等，2014）、城市化（王静 等，2014；Neil 等，2010）的影响，此外还受到霜冻（Hufkens 等，2012）以及土壤冻融作用（Wang 等，2013）等因素的影响。

目前针对我国东北地区的物候研究主要集中于分析物候时空变化特征及水热条件对物候参数变化的影响。如于信芳和庄大方（2006）利用 MODIS NDVI 数据对东北森林物候期的空间分布格局进行研究，发现北部大部分地区树木生长季始期主要集中在第 100 ~ 150 d，生长季末期集中在第 260 ~ 290 d，生长季长度为 140 ~ 180 d。李明等（2011）研究了长白山森林植被物候，并对其与气候变化的关系进行了探讨。Tang 等（2015）基于 GIMMS NDVI3g 数据分析了大兴安岭地区 1982—2012 年植被物候的时空变化特征，研究结果表明，该区近 30 年植被生长季始期提前 3.3 d，生长季末期推迟了 8.8 d，生长季长度延长了 12.1 d，植被物候变化与温度和降水紧密相关。研究东北地区植被物候的时空变化特征不仅可以为全球气候变化研究提供理论基础，而且它作为我国重要的商品粮食基地，植被物候的变化直接关系到该地的农业生产活动。

1.2.3 多年冻土退化对植被的影响研究

多年冻土是冰冻圈的重要组成部分，近年来随着全球气候变暖，其发生了不同程度的退化。Ostekamp 等（2003）自 1977 年开始，在阿拉斯加地区进行了长达 20 年的研究，按照研究区自北向南方向，依次建立了 22 个 15 ~ 80 m 永久冻土观测钻孔，记录不同深度地温变化和地表状况，通过对所获得的长期监测数据进行对比分析，进而对阿拉斯加地区多年冻土变化进行报道，通过建立长期的多年冻土监测，可以更加全面地反映气候变化带来的影响。Zuidhoff 和 Kolstrup（2000）基于航空像片研究 1960—1997 年间瑞典北部泥炭丘分布对气候变暖的响应，研究结果表明，该区研究时段内年平均气温升高了 1 ~ 1.5 ℃，导致泥炭丘的面积减少了约 50%。IPCC SRES A2 气候情景下，北半球多年冻土活动层厚度将增加 30% ~ 40%，预测到 2050 年，北半球多年冻土面积将减少 12% ~ 22%（吕久俊 等，2007）。国内学者运用不同方法对气候变化背景下青藏高原多年冻土的变化进行了预测。王绍令等（1996）预测到 2040 年，气藏高原平均地表温度升高 0.4 ~ 0.5 ℃，届时现在的岛状多年冻土区大部分将完全退化消失。顾钟炜和周幼吾（1994）对大兴安岭北坡阿尔木地区进行研究发现，该区多年冻土退化趋势明显，具体表现为地表温度的升高、季节融化深度增加、冻土厚度减薄、融区范围扩大。石剑等（2003）发现与 100 年前相比，东北地区现代多年冻土区南界北移 20 ～ 30 km，呈现出自南向北的退化趋势。谭俊和李秀华（1995）预测当年平均气温增加 4 ℃，降水量增加 10% 时，东北东部各森林地带将向北移 3 ～ 5 个纬度。届时大兴安岭森林将有可能完全北移出境，取而代之的是以中温性的针阔混交林以及草原为主的群落。

　　由气候变化引起的多年冻土退化过程对寒区植被的生长、寒区水文特征以及整个寒区陆地生态系统都有着非常重要的影响。多年冻土退化导致冻土区水文模式、土壤中营养物质含量、土壤微生物活性、土壤质地和组成发生改变，进而影响其地上的植被（Zhuang 等，2010）。Johansson 等（2006）研究发现，寒区生态系统 NPP 的变化与土壤冻融状况关系密切。Zhuang 等（2010）提出气温增加导致土壤融冻时间提前，增加了冻土融化的深度以及季节性融化的时间，进而对植被的生长期和 NPP 造成影响。Jorgenson 等（2001）人对阿拉斯加中部地区进行研究发现，1994—1998 年间由于温度上升所导致的该区多年冻土广泛且迅速的变化是导致白桦林自然生态系统向沼泽湿地生态系统转变的主要原因。Sugimoto 等（2002）利用同位素法对西伯利亚落叶松为主要群落的多年冻土区进行研究，发现落叶松存水量少，且具有较高的气孔传导率，当研究区的降水无法满足落叶松对水分的需求时，多年冻土中的水分就成为落叶松的重要水源，若多年冻土退化，落叶松林将会无法生长，进而会被耐旱保水且气孔传导率低的其他针叶树种如樟子松所代替。Wang 等（2000）研究表明，青藏高原多年冻土退化导致该区环境发生恶化，包括寒区水文与水资源变化、土壤荒漠化以及建筑物的扰动。郭正刚等（2007）研究表明，随着青藏高原北部地区多年冻土退化，植物物种由水生和湿生向中旱生和旱生植物转化，草原植被植株高度变矮，植被覆盖度降低，群落以及物种多样性呈现出先增加后降低的趋势，植被 NPP 下降以及草原的载畜能力降低。杨建平等对长江黄河源区进行研究发现，该区多年冻土退化会对该区植被生态系统产生影响，如植被物种更替、草原退化以及荒漠化等。梁四海等（2007）也发现黄河源区多年冻土发生退化后会使土壤含水量减少，造成植被物种更替。王根旭等（2006）研究表明，青藏高原地区，随着多年冻土活动层厚度的增加，该区高寒草甸草地的植被覆盖度和生物量均显著降低，同时由高寒草甸与高寒沼泽草甸生态系统发生退化。孙广友（2000）认为多年冻土的退化或者完全消失破坏了东北地区沼泽发生的物质基础，从而导致沼泽退化或者消失。毛德华等（2011）对东北冻土区植被 NDVI 对气候变化的响应进行了研究，虽然探讨了该区植被

NDVI 与气候因子的关系,但未对多年冻土退化对植被的影响进行分析。

综上可知目前针对冻土退化对植被的影响研究主要集中在美国阿拉斯加、瑞典、俄罗斯以及我国青藏高原地区,尽管我国东北地区关于冻土退化的报道很多,但大都集中在分析多年冻土的分布以及退化成因等方面(Wei 等,2011;孙广友 等,2007;金会军 等,2006;周梅 等,2002),很少涉及区域尺度上关于多年冻土退化对植被如 NDVI、物候的影响研究,尽管毛德华等(2011)分析了东北冻土区的植被 NDVI,但由于其采用的 GIMMS NDVI 数据具有较粗的空间分辨率(8 km),故本书采用较高分辨率的 LTDR NDVI(5 km)对多年冻土区植被 NDVI 进行研究。这在一定程度上提高了研究的精度,可以更多关注空间尺度上的细节,因此在气候变化背景下,探讨长时间序列植被 NDVI 以及物候对多年冻土退化的响应具有重要意义。

1.3 研究意义

在全球气候变化背景下,温度升高导致多年冻土逐渐发生退化,进而对区域环境和区域碳循环产生重大影响。目前国内外许多学者对多年冻土退化进行了相关研究,并取得了较大的研究成果。其中具有代表性的多年冻土退化对植被的影响研究主要集中在植被的群落结构、植被生物量以及植被 NPP 等方面,较少涉及区域尺度植被覆盖以及植被物候变化研究。东北多年冻土区作为北半球高纬度地区的典型区域,多年冻土退化情况较为显著,区内植被对多年冻土退化以及气候变化十分敏感。东北多年冻土区植被作为我国边疆的生态屏障和寒区环境的调控者,同时也是连接大气、土壤与水分的天然纽带,研究其长时间序列的时空变化特征,同时分析其对气候变化和多年冻土退化的响应具有重大意义。本书结果能够为我们了解寒区环境变化以及区域生态环境保护提供有效的科学依据。

1.4 研究内容

通过建立长时间序列植被指数数据集,分析东北多年冻土区生长季NDVI、季节NDVI以及植被物候参数的时空变化特征,探讨气温和降水两种主要的气候因子与植被NDVI以及物候的关系,同时利用"空间代时间"方法研究多年冻土退化对植被的影响。具体内容包括:

(1)LTDR NDVI、GIMMS NDVI、MODIS NDVI数据质量评价。

(2)植被生长季NDVI和季节NDVI的时空变化特征及其对气候因子变化响应。

(3)植被物候变化特征及其对气候因子变化的响应。

(4)不同类型多年冻土区植被NDVI和物候变化。

1.5 技术路线

技术路线如图1.3所示。

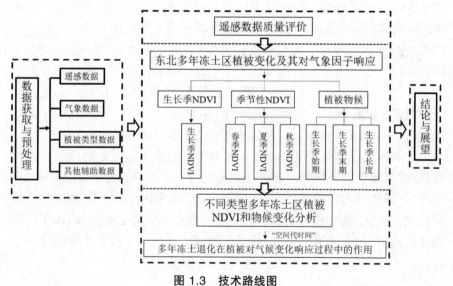

图1.3 技术路线图

Fig 1.3 The technology flow chart

第 2 章 研究区概况

2.1 研究区概况

东北多年冻土区（N46° 30′ –53° 30′，E115° 52′ –135° 09′）位于欧亚大陆多年冻土带南缘，是我国第二大多年冻土分布区，面积约为 $3.87 \times 10^5 \, \text{km}^2$，地跨黑龙江省和内蒙古自治区的最北部（图 2.1），属于我国东北边界地区，人口稀少。依据国内学者周幼吾、金会军等学者的研究成果，经过扫描数字化以及属性添加，确定本书区多年冻土南界以及不同多年冻土类型区范围。研究区内包括周幼吾等人在 1970s 所考察出的多年冻土南界以及金会军等人在 2000s 推断出的南界范围。按照影响多年冻土空间分布的地理以及气候条件，将东北多年冻土划分为连续多年冻土区（$6.2 \times 10^4 \, \text{km}^2$）、不连续多年冻土区（$6.6 \times 10^4 \, \text{km}^2$）、稀疏岛状多年冻土区（$1.3 \times 10^5 \, \text{km}^2$）以及多年冻土完全退化区（$1.3 \times 10^5 \, \text{km}^2$）。该区属于寒温带大陆性气候，冬季漫长、干冷，夏季短暂、湿热。研究区的年平均气温为 –5 ~ 2℃（图 2.2a），年降水量为 260 ~ 600 mm（图 2.2b）。

本书区地形多为山地。图 2.3 展示了东北多年冻土区的地域分异特征，海拔以东低西高格局分布。小兴安岭分布于研究区东部，中部为大兴安岭，西部区域为呼伦贝尔高原。研究区内的湖泊为呼伦湖，主要河流包括额尔古纳河、嫩江和黑龙江。大兴安岭和小兴安岭之间区域，由于受到嫩江的冲击，形成了嫩江平原，研究区南部区域包括了嫩江平原的少部分地区。

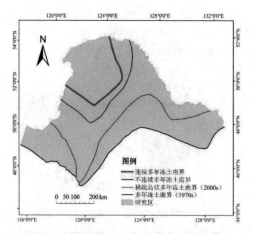

图 2.1 研究区位置以及中国东北多年冻土分区

Fig. 2.1 Location of study area and types of permafrost in northeastern China

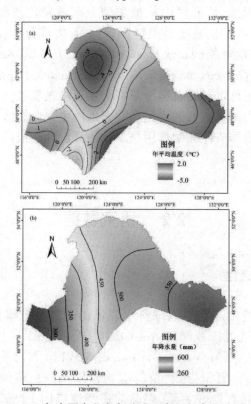

图 2.2 1982—2014 年中国东北多年冻土区年平均气温和降水量空间分布

Fig. 2.2 Spatial patterns of annual mean air temperature and precipitation of permafrost zone in northeastern China during 1982—2014

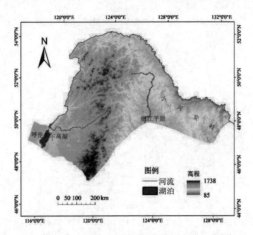

图 2.3   中国东北多年冻土区地势图

Fig. 2.3 Chorography of permafrost zone in northeastern China

由于地形因素,研究区内植被类型分布差异比较明显。该区植被覆盖度较高,主要的植被覆被类型为森林,且大都分布在大小兴安岭地区,树种以兴安落叶松(*Larix gmelinii Kuzen.*)、白桦(*Betula platyphylla Suk.*)、蒙古栎(*Quercus mongolica Fisch. ex Ledeb.*)等混交树种为主。研究区西部呼伦贝尔高原以典型草原为主要植被覆被类型,南部嫩江平原区域以农田为主。本书区也是东北湿地的主要分布区域,湿冷的气候以及多年冻土的季节性冻融作用是本区沼泽湿地形成的重要因素(孙广友,2000)。

2.2   研究数据

2.2.1 遥感数据

遥感植被指数产品在地球科学领域的研究中已得到了广泛应用,其中最常用的植被指数是 Rouse(1974)提出的归一化差值植被指数(Normalized Difference Vegetation Index, NDVI)。许多研究表明,NDVI 与植被覆盖度、叶面积指数、植物生物量以及绿色植物光合作用有效辐射比率之间具有良好关系,因此被广泛地应用于陆地表面植被遥感监测当中。目前可获取的长时间序列 NDVI 卫星遥感数据主要包括 LTDR、MODIS、GIMMS 以及 SOPT NDVI 等。本书采用 LTDR、MODIS 和

GIMMS 三种 NDVI 数据集对东北多年冻土区植被 NDVI 以及物候进行分析。

2.2.1.1　LTDR NDVI 遥感数据

近年来,美国宇航局(National Aeronautics and Space Administration, NASA)资助的"长期数据记录(Long Term Data Record, LTDR)"项目发展了一个覆盖全球范围的每日数据集,该项目的主要目标是从 NOAA 卫星的 AVHRR 传感器上反演生产长期的陆地数据产品。截至 2018 年,该数据集共发布了 5 个版本,但是由于本书在 2015 年开始进行,最新 V5 产品数据发布时间是在 2017 年 8 月 15 日,因此本书使用的是 2014 年 6 月 24 日发布的 V4 产品数据集。数据获取网址为 https: //ltdr.modaps. eosdis.nasa.gov/。该数据集提供每日一景覆盖全球的产品数据,其空间分辨率为 0.05°,中纬度地区空间分辨率约为 4.5 km,其空间分辨率明显高于目前应用较多的 GIMMS NDVI 产品。

LTDR V4 数据集使用了 NOAA-07、09、11、14、16、18 以及 19 共七颗卫星采集数据,数据时间范围从 1981 年 6 月至 2014 年 12 月。NOAA-07 卫星于 1981 年 6 月发射,因此该数据获取时间从 1981 年 6 月 14 日开始。尽管该数据集是每日数据,但并不是所有年份每一天都有数据,如 1981 年缺少第 182 ～ 201 天的产品数据,2000 年整年产品数据缺失。由于该数据集缺失 1981 年较多天数数据以及 2000 年整年数据,因此在本书的研究中只选取 1982—1999 年 LTDR V4 数据,并结合 MODIS NDVI 数据(2000—2014 年)对东北多年冻土区植被 NDVI 进行研究。

LTDR V4 数据集包括四种产品,即日大气顶层(Top of Atmosphere, TOA)反射率产品(AVH02C1)、日地表反射率产品(AVH09C1)、日 NDVI 产品数据(AVH13C1)以及云掩膜数据(Cloud Mask)。本书应用的是 LTDR AVH13C1 数据产品,该产品中含有 10 个数据层,如表 2.1 所示,本书应用第 1、2 和 10 层数据,即 SREFL_CH1 和 SREFL_CH2 用于计算植被指数,QA 数据质量评估层用于掩膜掉云覆盖以及无效像元区域。本书中应用的 LTDR AVH09C1 产品处理过程主要包括:

(1)提取研究区数据集。该产品数据集范围覆盖全球,每个原始数据层中含有 7 200 × 3 600 个像元,数据量非常庞大,计算起来耗时费力,为了提高数据处理效率,减少数据后续运算时间,本书利用东北多年冻土区矢量数据图层提取所属本书区范围的 LTDR AVH09C1 产品数据,进而生成每日东北多年冻土区 AVH09C1 数据集。

（2）掩膜无效像元。利用 QA 数据层，消除云覆盖以及无效像元，在进行掩膜之前，需要将 QA 层中文件进行解码，即将 QA 层中像元值由十进制转换成二进制。依据 LTDR V4 产品描述文件，QA 层中各二进制像元值对应含义如表 2.2 中所示。

表　2.1　AVH09C1 的数据层及基本描述

Table　2.1　Descriptions of various layers of AVH09C1 dataset

编　号	数据层名称	数据层含义	波长范围
1	SREFL_CH1	地表反射率	0.5~0.7 μm
2	SREFL_CH2	地表反射率	0.7~1.0 μm
3	SREFL_CH3	地表反射率	~3.55~3.93 μm
4	BT_CH3	亮温（单位 K）	~3.55~3.93 μm
5	BT_CH4	亮温（单位 K）	~10.3~11.3 μm
6	BT_CH5	亮温（单位 K）	~11.5~12.5 μm
7	SZEN	太阳天顶角（单位°）	—
8	VZEN	可视天顶角（单位°）	—
9	RELAZ	相对方位角（单位°）	—
10	Quality Assessment（QA）	数据质量评估	—

表 2.2　LTDR 产品数据 QA 文件解码后的含义

Table　2.2　The definition of LTDR QA file

位　数	含　义	数值意义
0	未使用	—
1	有云像元	1=是，0=否
2	保留云阴影的像元	1=是，0=否
3	水体像元	1=是，0=否
4	太阳耀斑区像元	1=是，0=否
5	茂密深色的植被像元	1=是，0=否
6	夜间像元(高太阳天顶角)	1=是，0=否
7	第 1 ~ 5 波段无效	—
8	第 1 波段无效	1=是，0=否

位　数	含　义	数值意义
9	第 2 波段无效	1= 是,0= 否
10	第 3 波段无效	1= 是,0= 否
11	第 4 波段无效	1= 是,0= 否
12	第 5 波段无效	1= 是,0= 否
13	RHO3 值无效	1= 是,0= 否
14	标记为荒漠	1= 是,0= 否
15	极地:纬度 >60° 的陆地或 >50° 的海洋	1= 是,0= 否

（3）最大值合成。Holben1986 提出采用最大合成法（Maximum Value Composition，MVC）可以有效地减少云、大气、太阳高度角等对数据采集过程中所产生的影响,因此本书使用 MVC 方法对经过上述一和二步骤后生成的研究区数据文件分别进行生长季以及季节 NDVI 最大值合成,为进一步研究该区植被 NDVI 时空变化提供数据准备。

2.2.1.2　MODIS NDVI 遥感数据

本书的研究时段为 1982—2014 年,由于 LTDR 缺失 2000 年整年数据,因此在进行研究区植被 NDVI 分析时,1982—1999 年采用 LTDR AVH09C1 数据集,2000—2014 年采用 MODIS AVH13C1 数据产品。

NASA 于 1999 年 12 月和 2002 年 5 月分别发射了 Terra 和 Aqua 卫星。中分辨率成像光谱仪（Moderate-resolution Imaging Spectroradiometer,MODIS）是两颗卫星上搭载的主要传感器之一,Terra 和 Aqua 都是太阳同步极轨卫星,也同时具有 16 d 的重访周期。Terra MODIS 专为全球植被监测设计,它在上午沿轨道从北到南运动并于地方时 10∶30 左右跨过赤道,为上午星,而 Aqua 卫星则在午后沿轨道从南向北运动并于地方时 13∶30 左右跨过赤道,是下午星。两颗卫星相互配合,每 1 ~ 2 d 即可以将整个地球表面进行重复观测一次。MODIS 共有 490 个探测器,波普范围 0.4 ~ 14.4 μm,可以获取 36 个波段的遥感影像,其中 2 个波段星下点空间分辨率为 250 m,5 个波段为 500 m,其余 29 个波段为 1 000 m（表 2.3）,此外 36 个波段中有 16 个是热红外波段,另外 20 个是可见光到近红外波段。与以往遥感数据相比,MODIS 在很多性能方面均进行了改善,如其空间分辨率最大提高到了 250 m,而且比 AVHRR、TM 以及 SPOT 等传感器具有更高的光谱分辨率。高时相且多波段的 MODIS 数据在全球生态系统观测中发挥着重要作用,该数据的获取为我们深入研究陆地、海洋和大气间的复杂过程以及全球气候变化提供了数据基础。

除了 MODIS 原始反射率数据,NASA 还提供了 44 种 MODIS 标准数据产品,即 MOD01 ~ MOD44,包括陆地标准数据产品、海洋标准数据产品以及大气标准数据产品等三种主要标准产品类型。依照不同的规范,将 MODIS 标准数据产品划分为 0 ~ 4 共 5 个等级。其中,0 级产品(L0)是指卫星地面数据接收站获得的未经任何处理的原始数据,其中包含所有信息,但通常难以直接利用;1 级产品(L1)是指对 0 级产品进行解码重建、时间配准等处理之后的数据;2 级产品(L2)是在 1 级产品的基础上,经过定位、定标处理后的数据;3 级产品(L3)是在 2 级产品基础上,用一致的时间、空间栅格表达的数据,通常可被直接应用到相关研究当中;4 级产品(L4)是指分析处理以上 0 ~ 3 级产品后所得到的数据产品。

本书采用 MODIS 的 MOD13C2 NDVI 数据产品,该产品是由 Terra 卫星获取的每天反射率数据经过集成算法生成的覆盖全球的每月数据集,其空间分辨率为 0.05°,属于 L3 级产品,该产品已经过几何校正、辐射校正以及大气校正等处理,可以直接使用。此外 MOD13C2 数据集中带有数据质量可信度波段,该波段有效值范围为 −1 ~ 3,其中 −1 代表没有数据(空值),0 代表该数据质量可信度较高,1 代表边缘数据,2 代表被冰雪覆盖的数据,3 代表受云影响的数据。本书中应用的 MODIS MOD13C2 产品处理过程主要包括:

(1)提取研究区数据集。与 LTDR 数据产品一样,该产品数据集范围覆盖全球,为了提高数据处理效率,利用东北多年冻土区矢量数据图层提取所属本书区范围的 MOD13C2 产品数据,进而生成每月东北多年冻土区 MOD13C2 数据集。

(2)NDVI 时间序列数据重建。利用该产品中提供的数据质量可信度图层,将质量可信度对应为 0 的 NDVI 保留原始数值,其他非 0 值则用空值 NA(Not Avaliable)值代替。针对具体每一个像元,可以利用插值的方法将 NDVI 时间序列中的 NA 值补全,从而来重构完整的 NDVI 时间序列。

(3)最大值合成。使用 MVC 方法对经过上述一和二步骤后生成的研究区数据文件分别进行生长季以及季节 NDVI 最大值合成,为进一步研究该区植被 NDVI 时空变化提供数据准备。

表 2.3 MODIS 数据通道简介

Table 2.3 Introduction of MODIS chanels

主要用途	波 段	波普范围[1]	信噪比	分辨率(m)
陆地表面 / 云边界	1	620 ~ 670	128（SNR[2]）	250
	2	841 ~ 876	201（SNR）	250
陆地表面 / 云特性	3	459 ~ 479	243（SNR）	500
	4	545 ~ 565	228（SNR）	500
	5	1 230 ~ 1 250	74（SNR）	500
	6	1 628 ~ 1 652	275（SNR）	500
	7	2 105 ~ 2 155	110（SNR）	500
海洋颜色 /浮游 植物 / 生物地理 化学	8	405 ~ 420	880（SNR）	1 000
	9	438 ~ 448	838（SNR）	1 000
	10	483 ~ 493	802（SNR）	1 000
	11	526 ~ 536	754（SNR）	1 000
	12	546 ~ 556	750（SNR）	1 000
	13	662 ~ 672	910（SNR）	1 000
	14	673 ~ 683	1087（SNR）	1 000
	15	743 ~ 753	586（SNR）	1 000
	16	862 ~ 877	516（SNR）	1 000
大气 / 水蒸气	17	890 ~ 920	167（SNR）	1 000
	18	931 ~ 941	57（SNR）	1 000
	19	915 ~ 965	250（SNR）	1 000
陆地表面 / 云温度	20	3.660 ~ 3.840	0.05（NE[Δ]T（K）[3]）	1 000
	21	3.929 ~ 3.989	2.00（NE[Δ]T（K））	1 000
	22	3.929 ~ 3.989	0.07（NE[Δ]T（K））	1 000
	23	4.020 ~ 4.080	0.07（NE[Δ]T（K））	1 000
大气温度	24	4.433 ~ 4.498	0.25（NE[Δ]T（K））	1 000
	25	4.482 ~ 4.549	0.25（NE[Δ]T（K））	1 000
卷云 / 水蒸气	26	1.360 ~ 1.390	150（SNR）	1 000
	27	6.535 ~ 6.895	0.25（NE[Δ]T（K））	1 000
	28	7.175 ~ 7.475	0.25（NE[Δ]T（K））	1 000
	29	8.400 ~ 8.700	0.05（NE[Δ]T（K））	1 000

主要用途	波 段	波普范围[1]	信噪比	分辨率（m）
臭氧 (O₃)	30	9.580 ~ 9.880	0.25（NE[Δ]T（K））	1 000
陆地表面/云温度	31	10.780 ~ 11.280	0.05（NE[Δ]T（K））	1 000
	32	11.770 ~ 12.270	0.05（NE[Δ]T（K））	1 000
云顶高度	33	13.185 ~ 13.485	0.25（NE[Δ]T（K））	1 000
	34	13.485 ~ 13.785	0.25（NE[Δ]T（K））	1 000
	35	13.785 ~ 14.085	0.25（NE[Δ]T（K））	1 000
	36	14.085 ~ 14.385	0.35（NE[Δ]T（K））	1 000

注：[1] 波段 1 ~ 19 为纳米通道,20 ~ 36 为微米通道；[2]SNR = 信号与噪音比值；[3] NE[Δ]T（K）为噪声等效温差。

2.2.1.3 AVHRR GIMMS NDVI3g 遥感数据

全球总量建模与制图研究（Global Inventory Modeling and Mapping Studies, GIMMS）数据集是目前覆盖全球并持续更新的一个非常重要的 NDVI 数据源,尤其是 2007 年发布的 GIMMS NDVIg 数据集（1982—2006 年）,已被广泛应用于陆地植被的变化研究中。GIMMS NDVI 是从 NOAA 系列气象卫星搭载的（Advanced Very High Resolution Radiometer, AVHRR）传感器获取的数据产品。NOAA 是近极地太阳同步卫星,高度为 833 ~ 870 km,轨道倾斜角为 98.7°,成像周期为 12 h,目前 NOAA 采用双星运作,同一地区每天重复过境 4 次,AVHRR 是 NOAA 卫星搭载的主要探测仪,它包括 AVHRR-1（可见光）、AVHRR-2（近红外）、AVHRR-3（中红外）、AVHRR-4（热红外）和 AVHRR-5（热红外）等 5 个光谱通道。表 2.4 列出目前为止 NOAA 系列卫星发射的各种卫星的服役时间,其中 GIMMS NDVI 数据主要来源于 NOAA-07、09、11、14、16、17、19。

表 2.4　NOAA 系列卫星可获取的数据时间范围表

Table 2.4 The oveall data availability in NOAA for each satellites

卫星名称	服役开始期	服役终止期
TIROS-N	11/05/1978	01/30/1980
NOAA-06	06/30/1979	03/04/1983
NOAA-07	08/24/1981	02/01/1985
NOAA-08	05/04/1983	10/14/1985
NOAA-09	02/25/1985	11/07/1988
NOAA-10	11/17/1986	09/16/1991
NOAA-11	11/08/1988	12/31/1994
NOAA-12	09/16/1991	12/20/1998
NOAA-14	01/01/1995	10/15/2002
NOAA-15	10/26/1998（01/29/2001 重新发射）	11/27/2000（至今）
NOAA-16	12/18/2000	06/05/2014
NOAA-17	08/24/2002	04/10/2013
NOAA-18	05/17/2005	至今
NOAA-19	04/14/2009	至今
Metop-A	05/21/2007	至今
Metop-B	01/15/2013	至今

本书采用的是 2015 年更新的 GIMMS NDVI3g V1 数据集,产品数据范围覆盖全球,起止时间为 1982—2014 年,时间分辨率 15 d,空间分辨率为 0.083°（8 km）,该数据集已经经过辐射校正、几何校正以及大气校正处理,最大程度减少了太阳高度角、传感器误差和偏移等影响,可用于反映植被的长时间序列变化特征(李净)。该数据集来源于 ECOCAST 网站 https：//ecocast.arc.nasa.gov/data/pub/gimms/3g.v1/,初始下载的数据为 “.nc4” 格式,每年两个数据文件,分上下两个半年,如 ndvi3g_geo_v1_1982_0106.nc4 与 ndvi3g_geo_v1_1982_0712.nc4,每一个半年数据文件里包含 12 幅时间分辨率为 15 d 的 NDVI 影像,此文件不能直接使用 ArcGIS 或 ENVI 打开,需要转化成 GEOTIFF 格式才能进行进一步分析处理。本书使用 R 语言软件对下载的数据集进行格式转换。

R 是一种针对数据统计分析的开源统计软件,可免费获取,其可以在不同体系结构的计算机系统上运行,包括 UNIX、Windows 以及 MacOS X。

R 的所有源代码都可以免费获取以便进行检验或者进一步开发利用。目前它在工业、商业、医药和科研等涉及数据分析的领域都被广泛的应用（Luís Torgo，2012；Norman Matloff，2013）。本书中，R 语言主要用来处理遥感影像以及提取植被的物候参数，所涉及的 package 有：raster、rgdal、sp、rootSolve、pracma、zoo、ncdf4 等。

利用 R 软件将 GIMMS NDVI3g.nc4 数据格式转换成 Geotiff 格式的具体代码如下：

```
#-- 加载程序包 --#
library（sp）
library（raster）
library（rgdal）
library（ncdf4）
#-- 设置工作路径 --#
setwd（'E：\\data\\gimms31'）
fl <- list.files（）
NDVI <- raster（nrows=2160，ncols=4320）
projection（NDVI）<- CRS（"+init=epsg：4326"）
extent（NDVI）<- c（-180，180，-90，90）
# res（NDVI）<- c（0.08333333，0.08333333）
for（j in 1：length（fl））{
    mycdf <- nc_open（fl[j]，verbose = TRUE，write = FALSE）
    for（i in 1：12）{
        ndvi <- ncvar_get（mycdf，'ndvi'，start=c（1，1，i），
count=c（4320，2160，1））
        r <- as.matrix（ndvi）
        r <- t（r）
        r <- setValues（NDVI，r）
    ###-- 为了减少数据量，这里将 NDVI 存为 -10000 到 10000--###
        r[r <=（-10000）| r >= 10000] <- NA
        if（substr（fl[j]，21，21）== 7）{
            name <- paste（substr（fl[j]，15，18），sprintf
（'%02d'，12+i），sep=''）
        } else {
            name <- paste（substr（fl[j]，15，18），sprintf
（'%02d'，i），sep=''）
```

```
        }
        plot（r, main=name）
#-- 输出结果 --#
writeRaster（r, filename=paste（"'E: \\data\\gimms31_tif\\'", name,
sep=""）, datatype='INT2S', format="GTiff", overwrite=TRUE）
    }
}
```

本书利用 GIMMS NDVI3g 数据集对东北多年冻土区 1982—2014 年植被物候参数进行提取,进而分析物候变化特征。

2.2.2　植被类型数据与气象数据

植被类型数据来自中国科学院中国植被图编辑委员会 2001 年编制的 1∶100 万中国植被图集的东北地区部分,经扫描矢量化和属性添加得到。研究区主要包括阔叶林、针叶林、针阔混交林、草甸、典型草原、灌木林、沼泽等植被类型。

东北多年冻土区范围内 19 个气象站点的 1982—2014 年的月平均气温、月降水量数据来源于国家气象科学数据共享服务平台(http://cdc.cma.gov.cn/)。对月气象数据进行统计获取生长季以及季节数据,如生长季平均气温、生长季总降水量、春季平均气温、春季总降水量、夏季平均气温、夏季总降水量、秋季平均气温以及秋季总降水量等。应用 GIS 软件采用协同克里格方法插值获取与 NDVI 数据同样空间分辨率的栅格数据。植被类型与气象站点的空间分布如图 2.4 所示,各气象台站详细信息见表 2.5。

表 2.5　各气象站点详细信息

Table 2.5 Details of weather stations

台站名称	省　份	海拔(米)	纬度(度)	经度(度)
漠河	黑龙江	4 330	52.967	122.517
塔河	黑龙江	3 619	52.350	124.717
新林	黑龙江	4 946	51.700	124.333
呼玛	黑龙江	1 774	51.717	126.650
额尔古纳右旗	内蒙古	5 814	50.250	120.183
图里河	内蒙古	7 326	50.483	121.683
大兴安岭	黑龙江	3 717	50.400	124.117

续表

台站名称	省　份	海拔（米）	纬度（度）	经度（度）
黑河	黑龙江	1 664	50.250	127.450
满洲里	内蒙古	6 617	49.567	117.433
海拉尔	内蒙古	6 102	49.217	119.750
小二沟	内蒙古	2 861	49.200	123.717
嫩江	黑龙江	2 422	49.167	125.233
孙吴	黑龙江	2 345	49.433	127.350
新巴尔虎右旗	内蒙古	5 542	48.667	116.817
新巴尔虎左旗	内蒙古	6 420	48.217	118.267
博克图	内蒙古	7 397	48.767	121.917
扎兰屯	内蒙古	3 065	48.000	122.733
北安	黑龙江	2 697	48.283	126.517
克山	黑龙江	2 346	48.050	125.883

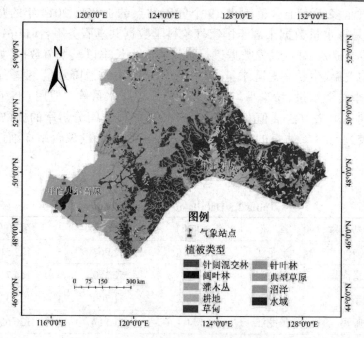

图 2.4　中国东北多年冻土区植被类型

Fig 2.4 Vegetation types of permafrost zone in northeastern China

2.3　研究方法

2.3.1　趋势分析方法

一元线性回归方法在植被研究中常常被用于植被趋势分析（Mao 等，2012，Piao 等，2003），本书使用该种方法计算整个研究时段（1982—2014）内植被 NDVI、物候参数以及气候因子的整体变化趋势，并在 95%（$P<0.05$）的显著性水平上对计算出来的趋势结果进行检验。

一元线性回归模型公式如下：

$$y=at+b+\varepsilon \tag{2.1}$$

$$a=\frac{\sum_{i=1}^{34}(y_i-\bar{y})(t_i-\bar{t})}{(y_i-\bar{y})^2} \tag{2.2}$$

式中，y 表示 NDVI，物候参数（SOS、EOS 和 LOS）或气候因子值，a 代表全区的 NDVI、物候参数或气候因子年际变化趋势，t 是时间，b 是截距，ε 是随机误差。$\bar{y}$ 和 $\bar{t}$ 分别代表 NDVI（物候参数或气候因子）和时间的平均值。

进一步应用一元线性回归方法对空间每个像元进行分析，计算得到的斜率变化趋势即可反映植被或气象因子的时空变化特征。像元斜率变化趋势的计算公式为：

$$Slope=\frac{n\times\sum_{i=1}^{n}i\times\bar{M}_i-\sum_{i=1}^{n}i\sum_{1}^{n}\bar{M}_i}{n\times\sum_{i=1}^{n}i^2-\left(\sum_{1}^{n}i\right)^2} \tag{2.3}$$

式中，$Slope$ 为空间某像元斜率，表示该像元 NDVI、物候参数或气候因子的变化趋势，n 为监测年数，$\bar{M}_i$ 为第 i 年 NDVI、物候参数或气候因子的平均值。一般来说，$Slope>0$，代表增加的趋势，反之则是减少。

2.3.2　相关分析方法

采用空间相关分析方法对两要素之间的关系进行分析。相关系数计算公式如下：

$$r_{xy}=\frac{\sum_{i=1}^{n}(x_i-\bar{x})(y_i-\bar{y})}{\sqrt{\sum_{i=1}^{n}(x_i-\bar{x})^2}\sqrt{\sum_{i=1}^{n}(y_i-\bar{y})^2}} \tag{2.4}$$

式中,r_{xy} 表示 x 和 y 的相关系数,其值介于 $[-1,1]$ 之间,x_i 和 y_i 表示第 i 年 x 和 y 的值,$\bar{x}$ 和 $\bar{y}$ 表示两个要素样本值的平均值,n 为监测年数。

2.4　本章小结

本章简要介绍了我国东北多年冻土区的自然状况以及生态环境特征。本书应用 LTDR AVH09C1、MODIS MOD13C2 以及 GIMMS NDVI3g 数据集对研究区植被进行分析。本章详细介绍了三种 NDVI 数据集产品的主要特征、获取途径以及处理流程等内容。植被数据、气象数据也是本书中重要的辅助数据。

第3章 植被生长季NDVI变化及其对气候因子变化的响应

东北多年冻土区位于欧亚大陆多年冻土区南缘,属于我国北部高寒生态系统,对气候变化十分敏感(Cheng 和 Jin,2013; Guglielmin 等, 2008; Li 和 Cheng,1999),尤其是多年冻土上的植被,易受气候变化影响(Tutubalina 和 Rees,2001)。全球气候变暖现象毋庸置疑,我国大部分地区年均气温增加的速率大于 0.05 ℃ /a(王少鹏 等,2010)。近五十年来,研究表明,我国北部大部分地区生长季降水表现出下降趋势(Song 等, 2011)。气候因子如气温、降水的变化会直接影响到植被生长区域的水热条件,进而会对植被覆盖度、NPP 以及碳循环等产生重要影响,因此研究该地区的植被变化对陆地生态系统碳循环研究具有非常重要的意义。为避免由冬季雪覆盖而导致异常 NDVI 值的出现,本书选择植被生长季(4—10 月)平均 NDVI 进行研究。

3.1 遥感数据一致性检验

LTDR AVH09C1 NDVI 长时间序列产品由于其发布的时间较晚,在目前相关的植被研究中应用的还比较少,但因其空间分辨率(0.05°)优于 GIMMS NDVI(0.08°)数据集,且该数据产品在实际应用前已经过几何校正、辐射校正以及大气校正等处理过程,已有研究表明该数据集可以应用到植被相关研究中。MODIS NDVI 被公认为数据质量较高的植被指数产品之一(Huete 等,2002),是研究陆地表面植被特征变化的重要数据源。MODIS 提供的 MOD13C2 NDVI 数据产品在一些研究中已得到了应用,因此本书利用 LTDR AVH09C1 NDVI(1982—1999)和 MODIS MOD13C2 NDVI(2000—2014)两种数据产品对东北多年冻土区近 33 年植被变化进行研究。但由于两个数据集来源于不同传感器类型,因此需要对这两种数据源进行一致性检验。

获得的上述两种 NDVI 数据都已经过几何校正、辐射校正、大气校正等预处理（Fensholt 和 Proud，2012；Pedelty 等，2007），并且均已采用 MVC 方法（Holben，1986）以减少云、大气、太阳高度角等的影响。两种数据集空间分辨率均为 0.05°，为保证其时间分辨率也一致，本书将 LTDR AVH13C1 产品的日 NDVI 数据通过 MVC 方法生成月 NDVI 数据产品，这就使两种数据集具有了相同的时间分辨率和空间分辨率。

为验证两种数据集的连续性和一致性，本书基于 LTDR（1995—1999）、MODIS（2000—2005）以及 GIMMS（1995—2005）分析了东北多年冻土区逐月 NDVI 数据（图 3.1a 和 3.1b）。同时基于 LTDR、MODIS 和 GIMMS 分析了 1982—2014 年间东北多年冻土区年平均 NDVI（图 3.1c）。结果表明，由 LTDR 和 MODIS 生成的空间分辨率为 0.05°的长时间序列（1982—2014）的逐月 NDVI 产品数据可靠，可以应用到本书的研究中。

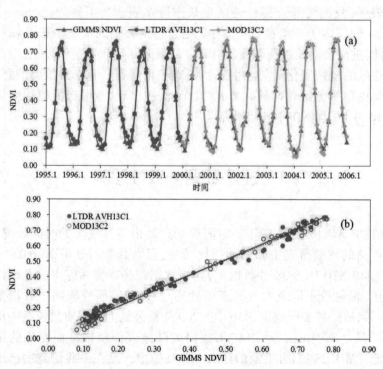

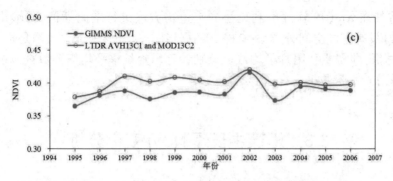

图 3.1   东北多年冻土区三种 NDVI 数据集对比

Figure 3.1 Comparison of the NDVI time sequences obtained from the LTDR AVH13C1，MODIS MOD13C2，and GIMMS NDVI of permafrost zone in northeastern China

本书借助 GIMMS NDVI3g 数据集并使用一元线性回归方法对 LTDR AVH13C1 NDVI 以及 MODIS MOD13C2 NDVI 产品进行一致性检验,结果表明,由 LTDR 和 MODIS 生成的空间分辨率为 0.05° 的长时间序列（1982—2014）逐月 NDVI 产品数据较为可靠,可以用于后续植被 NDVI 变化及其对气候因子的响应研究。

3.2   数据预处理

3.2.1 NDVI 数据

通过 3.1 节中对 LTDR AVH13C1 NDVI 以及 MODIS MOD13C2 NDVI 产品进行一致性检验,结果表明,由 LTDR 和 MODIS 生成的空间分辨率为 0.05° 的长时间序列（1982—2014）逐月 NDVI 产品数据较为可靠,可以用于后续植被 NDVI 变化及其对气候因子的响应研究。对植被生长季平均 NDVI 值小于 0.05 的区域被定义为非植被区域,将其掩膜掉,不参与结果分析（Piao, 2006）。本书将生长季定义为 4—10 月,植被生长季平均 NDVI 通过 NDVI 月数据计算得出（Xu 等,2012）。

3.2.2 气候数据

本书使用气象站点月平均气温以及月降水量数据,属于点数据,需要将其在 ArcGIS 软件中利用协同克里格方法进行空间插值,并输出与 NDVI 具有相同空间分辨率(0.05°)的栅格图层。气候因子生长季是指 4—10 月份,即需要利用月平均数据分别计算出生长季平均气温数据以及生长季总降水量数据。

3.3　植被生长季 NDVI 变化分析

3.3.1　生长季 NDVI 空间分布特征

由图 3.2 和表 3.1 可以看出,东北多年冻土区植被生长季 NDVI 值较高,植被生长状态总体良好,研究区从西向东,植被 NDVI 逐渐增加。植被 NDVI>0.6 的区域占全区的 46.34%,主要分布在大兴安岭以及小兴安岭南部,针叶林、阔叶林以及针阔混交林是该区的主要植被类型。研究区中西、中东部分地区,植被 NDVI 值为 0.4 ~ 0.6,面积占整个研究区的45.97%,主要植被类型为农田、草甸、沼泽湿地。研究区西部为温带草原集中区,该区植被生长季平均 NDVI 值在 0.4 以下,占整个多年冻土区面积的 7.69%。

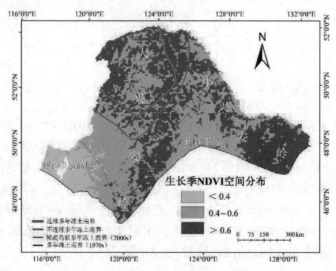

图 3.2　1982—2014 年东北多年冻土区植被生长季平均 NDVI 空间分布

Fig 3.2 Spatial distribution of the growing season mean NDVI values of permafrost zone in northeastern China during the period of 1982 to 2014

表 3.1　1982—2014 年东北多年冻土区生长季不同 NDVI 值所占像元比例

Table 3.1 Proportions of pixels for the different growing season NDVI values of permafrost in northeastern China from 1982 to 2014

NDVI	像元比例
<0.4	7.69%
0.4 ~ 0.6	45.97%
>0.6	46.34%

3.3.2　生长季 NDVI 变化趋势

3.3.2.1　整个研究区尺度生长季 NDVI 变化趋势

由图 3.3 可以看出,研究时段内,东北多年冻土区植被 NDVI 呈极显著增加的趋势(P<0.01),即从 1982 年的 0.56 增加到 2014 年的 0.65,平均每年增加 0.003 5。

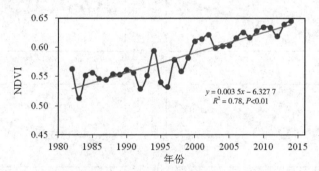

图 3.3　1982—2014 年东北多年冻土区植被生长季平均 NDVI 年际变化趋势

Fig 3.3 Trend in spatial average growing season mean NDVI values over the entire permafrost zone in northeastern China during the period of 1982 to 2014

3.3.2.2　不同植被类型生长季 NDVI 变化趋势

本书主要分析针叶林、阔叶林、针阔混交林、灌木林、草甸、草原、沼泽以及农田等 8 种主要植被类型生长季 NDVI 的变化。研究区不同植被类型生长季 NDVI 年际变化如图 3.4 所示,除草原植被 NDVI 呈现不显著减少(-0.000 6)趋势外,其余植被类型 NDVI 均具有极显著增加的趋势(P<0.01)。植被生长季 NDVI 年增加幅度依次为针叶林(0.004 2)> 针阔混交林、沼泽(0.003 3)>阔叶林、草甸(0.003 0)>灌木林(0.002 1)>农田(0.001 9)。

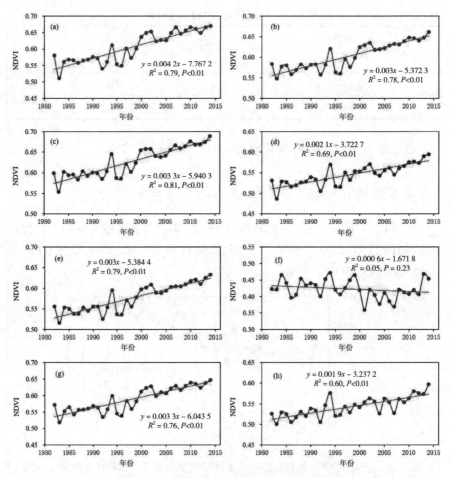

图3.4　1982—2014年东北多年冻土区不同植被类型生长季平均NDVI年际变化趋势(a.针叶林;b.阔叶林;c.针阔混交林;d.灌木林;e.草甸;f.草原;g.沼泽;h.农田)

Fig 3.4 Trend in spatial average growing season mean NDVI values of variable vegetation types over the entire permafrost zone in northeastern China during the period of 1982 to 2014 (a：Needleleaf forests；b：Broadleaf forests；c：Broadleaf and conifer mixed forests；d：Broadleaf shrubs and woodlands；e：Meadow；f：Steppe；g：Swamp；h：Cultivated)

3.3.2.3　空间像元尺度生长季NDVI变化趋势

为深入分析研究区植被NDVI变化特征,本书计算了空间像元尺度植被生长季 NDVI 变化趋势,如图 3.5(a)与表 3.2 所示,研究区大部分区域(86.05%)的植被 NDVI 具有增加的趋势,其中 NDVI 增加趋势处于 0 ~ 0.002 的像元数占全区的 16.50%,主要集中在研究区西部草原与森林过渡带区域以及松嫩平原农田区;0.002 ~ 0.004 的像元数量占全区的 34.01%,主要分布在大兴安岭南部以及小兴安岭大部分地区;0.004 ~ 0.006 的像元数占全区的 33.00%,主要分布在大兴安岭北部大部分地区;NDVI 增加幅度大于 0.006 的像元数占全区的 2.54%,主要分布在大兴安岭北部零散区域。全区 13.95% 的区域植被生长季 NDVI 具有减少的趋势,主要集中在研究区西部呼伦贝尔高原以及研究区中南部零散区域。同时本书分析了 NDVI 趋势变化的统计显著性水平(P=0.05),如图 3.5(b)与表 3.3 所示,研究区 79.43% 的区域植被 NDVI 具有显著增加的趋势(P<0.05),5.97% 区域的植被 NDVI 呈现显著减少趋势(P<0.05)。

表 3.2　1982—2014 年东北多年冻土区生长季 NDVI 变化趋势所占像元比例

Table 3.2 Proportions of pixels for the variations trend in mean growing season NDVI of permafrost in northeastern China from 1982 to 2014

NDVI 变化趋势	像元比例
<0	13.95%
0 ~ 0.002	16.50%
0.002 ~ 0.004	34.01%
0.004 ~ 0.006	33.00%
>0.006	2.54%

表 3.3　1982—2014 年东北多年冻土区生长季 NDVI 变化趋势的 5% 显著性水平所占像元比例

Table 3.3 Proportions of pixels for the 5% significant level of variations trend in mean growing season NDVI of permafrost in northeastern China from 1982 to 2014

显著性	像元比例
显著减少	5.97%
减少(不显著)	7.98%
增加(不显著)	6.62%
显著增加	79.43%

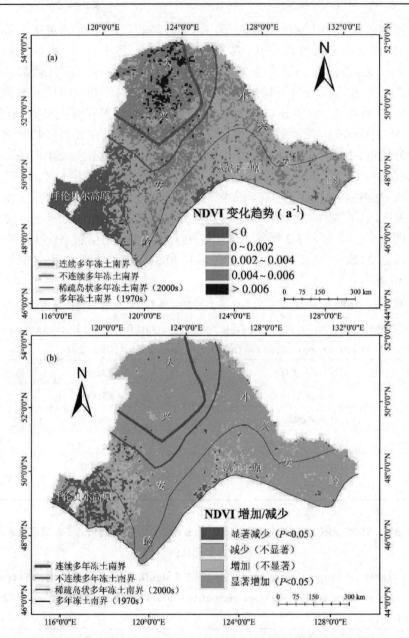

图 3.5　1982—2014 年东北多年冻土区植被生长季平均 NDVI 变化趋势（5% 显著
性水平检验）

Fig 3.5 Variation in the mean growing season NDVI values of permafrost
zone in northeastern China from 1982 to 2014（Statistical test at 5% significance
level）

3.4　生长季气候因子变化分析

3.4.1　生长季气候因子空间分布特征

东北多年冻土区 1982—2014 年间生长季平均气温和生长季总降水量空间分布如图 3.6 所示,研究区生长季平均气温处于 8.1 ~ 13.7 ℃,大兴安岭山脉区域气温较低,为 10 ℃以下,研究区西部与东部小兴安岭地区气温相对较高,大于 11 ℃;研究区生长季总降水量呈现由西向东逐渐增加的分布格局,降水量在 265.6 ~ 537.1 mm,西部典型草原属于半干旱地区,生长季降水较少,东部区域较湿润,降水量相对较多。

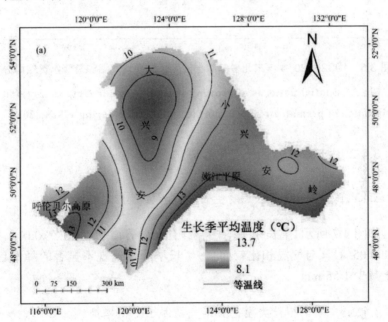

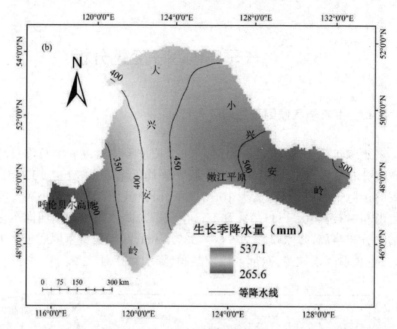

图 3.6 1982—2014 年东北多年冻土区生长季平均气温和总降水量空间分布

Fig 3.6 Spatial patterns of growing season mean air temperature and total precipitation of permafrost zone in northeastern China during 1982 to 2014

3.4.2 生长季气候因子变化趋势

3.4.2.1 整个研究区尺度生长季气候因子变化趋势

如图 3.7 所示,生长季平均气温具有极显著增加趋势($P<0.01$),每年增加 0.05 ℃。与气温相比较而言,生长季降水呈现不显著的降低趋势,每年减少 1.55 mm。

3.4.2.2 不同植被类型生长季气候因子变化趋势

不同植被类型区生长季平均气温年际变化如图 3.8 所示,8 种植被类型的气温均呈现极显著增加趋势($P<0.01$),其中针叶林、灌木林和沼泽区域气温增加幅度最大,为 0.06 ℃ /a,其次为阔叶林、草甸和草原区域,每年增加 0.05 ℃,农田区生长季平均气温每年增加 0.04 ℃,针阔混交林气温增加幅度最小,为 0.03 ℃ /a。研究区不同植被类型生长季降水量年际变化趋势如图 3.9 所示,8 种植被类型区域生长季总降水量均表现出减

少的趋势,但未达到显著性水平,其中生长季降水量减少幅度最大出现在针阔混交林,每年减少 2.19 mm,其次为阔叶林,为 -1.85 mm/a,草甸与草原区降水量每年减少 1.50 mm,针叶林为 -1.38 mm/a,沼泽为 -1.31 mm/a,农田区为 -1.24 mm/a,灌木林减少幅度最小,为 -1.16 mm/a。

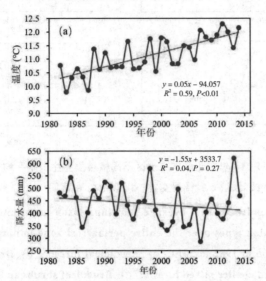

图 3.7　1982—2014 年东北多年冻土区植被生长季平均气温(a)和总降水量(b)年际变化趋势

Fig 3.7 Trend in spatial average growing season mean air temperature(a) and total precipitation(b) over the entire permafrost zone in northeastern China during the period of 1982 to 2014

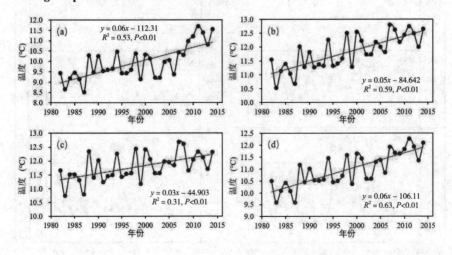

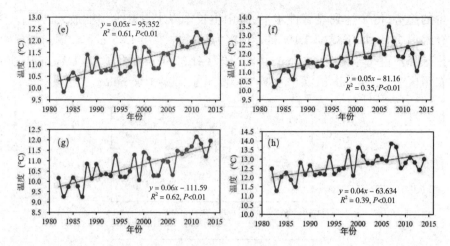

图 3.8　1982—2014 年东北多年冻土区不同植被类型生长季平均气温年际变化趋势（a 针叶林；b 阔叶林；c 针阔混交林；d 灌木林；e 草甸；f 草原；g 沼泽；h 农田）

Fig 3.8 Trend in spatial average growing season mean air temperature of variable vegetation types over the entire permafrost zone in northeastern China during the period of 1982 to 2014（a：Needleleaf forests；b：Broadleaf forests；c：Broadleaf and conifer mixed forests；d：Broadleaf shrubs and woodlands；e：Meadow；f：Steppe；g：Swamp；h：Cultivated）

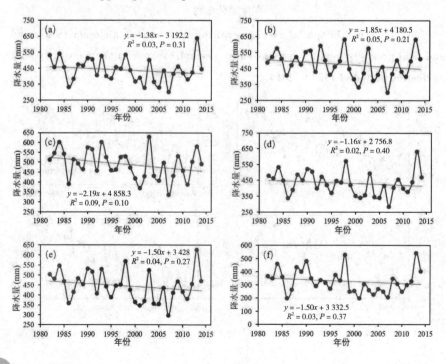

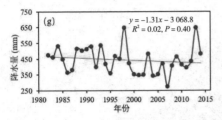
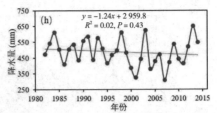

图 3.9   1982—2014 年东北多年冻土区不同植被类型生长季总降水量年际变化趋势（a. 针叶林；b. 阔叶林；c. 针阔混交林；d. 灌木林；e. 草甸；f. 草原；g. 沼泽；h. 农田）

Fig 3.9 Trend in spatial average growing season total precipitation of variable vegetation types over the entire permafrost zone in northeastern China during the period of 1982 to 2014（a：Needleleaf forests；b：Broadleaf forests；c：Broadleaf and conifer mixed forests；d：Broadleaf shrubs and woodlands；e：Meadow；f：Steppe；g：Swamp；h：Cultivated）

3.4.2.3   空间像元尺度生长季气候因子变化趋势

空间像元尺度生长季气温变化如图 3.10、表 3.4 和表 3.5 所示,全区气温均具有增加的趋势,其中 87.61% 的区域显著增加($P<0.05$),气温增加幅度最大的区域主要分布在大兴安岭山脉地区,且占全区 20.64%。图 3.11、表 3.6 和表 3.7 表示生长季总降水量的变化趋势、显著性以及变化幅度所占的像元比例,全区所有像元的降水量均呈现减少的趋势,其中 4.79% 的范围呈现显著减少的趋势($P<0.05$),减少幅度最大的区域分布在小兴安岭东南部,每年减少 4 mm 以上,且占全区像元的 3.00%。

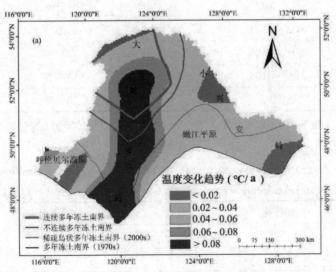

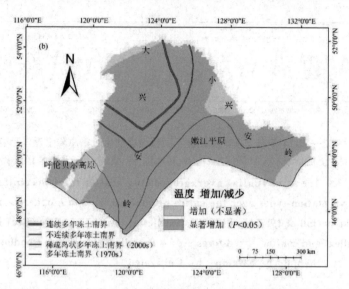

图 3.10　1982—2014 年东北多年冻土区植被生长季平均气温变化趋势（5% 显著性水平检验）

Fig 3.10 Variation in the mean growing season air temperature of permafrost zone in northeastern China from 1982 to 2014（Statistical test at 5% significance level）

表 3.4　1982—2014 年东北多年冻土区生长季气温变化趋势所占像元比例

Table 3.4 Proportions of pixels for the variations trend in mean growing season air temperature of permafrost in northeastern China from 1982 to 2014

气温变化趋势	像元比例
0 ~ 0.02	9.75%
0.02 ~ 0.04	31.89%
0.04 ~ 0.06	24.00%
0.06 ~ 0.08	13.72%
>0.08	20.64%

表 3.5　1982—2014 年东北多年冻土区生长季气温变化趋势的 5% 显著性水平所占像元比例

Table 3.5 Proportions of pixels for the 5% significant level of variations trend in mean growing season air temperature of permafrost in northeastern China from 1982 to 2014

显著性	像元比例
显著减少	—
减少(不显著)	—

续表

显著性	像元比例
增加(不显著)	12.39%
显著增加	87.61%

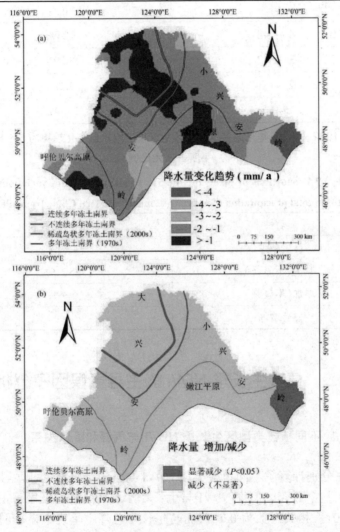

图 3.11 1982—2014 年东北多年冻土区植被生长季总降水量变化趋势(5% 显著
性水平检验)

Fig 3.11 Variation in the mean growing season total precipitation
of permafrost zone in northeastern China from 1982 to 2014
(Statistical test at 5% significance level)

表 3.6　1982—2014 年东北多年冻土区生长季总降水量变化趋势所占像元比例

Table 3.6 Proportions of pixels for the variations trend in growing season total precipitation of permafrost in northeastern China from 1982 to 2014

气温变化趋势	像元比例
<-4	3.00%
–4 ~ –3	3.24%
–3 ~ –2	13.50%
–2 ~ –1	57.27%
>–1	22.99%

表 3.7　1982—2014 年东北多年冻土区生长季总降水量变化趋势的 5% 显著性水平所占像元比例

Table 3.7 Proportions of pixels for the 5% significant level of variations trend in growing season total precipitation of permafrost in northeastern China from 1982 to 2014

显著性	像元比例
显著减少	4.79%
减少(不显著)	95.21%
增加(不显著)	—
显著增加	—

3.5　植被生长季 NDVI 的主导气候因子分析

3.5.1　不同植被类型区生长季 NDVI 与气温和降水关系

本书分别计算了不同植被类型 NDVI 与气温和降水的相关性。如表 3.8 所示,整个研究区尺度 NDVI 与生长季平均气温具有极显著正相关关系($P<0.01$),相关系数为 0.787,而与生长季总降水呈现不显著弱负相关关系,相关系数为 –0.232;针叶林、阔叶林、针阔混交林、灌木林、草甸、沼泽以及农田植被生长季 NDVI 与气温均呈极显著正相关关系($P<0.01$),相关系数分别为 0.688、0.802、0.652、0.756、0.800、0.772 和 0.504,而对于草原植被而言,植被生长季 NDVI 与气温具有显著负相关关系($P<0.05$),相关系数为 –0.389;针叶林、阔叶林、针阔混交林、草甸和沼泽植被 NDVI

与生长季降水具有弱负相关关系(不显著),相关系数分别为 -0.238、-0.225、-0.302、-0.172 和 -0.232,灌木林、草原和农田植被 NDVI 与降水具有正相关关系,其中草原区植被 NDVI 与降水呈现极显著正相关关系($P<0.01$),相关系数达到 0.712。研究结果在一定程度上表明,对于东北多年冻土区而言,气温是植被生长季 NDVI 的主控因子,气温升高,植被 NDVI 具有增加的趋势。进一步对不同植被类型进行研究,气温升高,导致针叶林、阔叶林、针阔混交林、灌木林、草甸、沼泽和农田植被生长季 NDVI 增加,而草原区植被因气温升高,植被 NDVI 下降。

表 3.8　1982—2014 年东北多年冻土区不同植被类型生长季平均 NDVI 与气候因子相关系数

Table 3.8 Correlation coefficients between mean growing season NDVI and climatic factors among different permafrost types of permafrost in northeastern China from 1982 to 2014

不同植被类型	相关系数	
	生长季 NDVI 与温度	生长季 NDVI 与降水
整个研究区	0.787**	−0.232
针叶林	0.688**	−0.238
阔叶林	0.802**	−0.225
针阔混交林	0.652**	−0.302
灌木林	0.756**	0.002
草甸	0.800**	−0.172
草原	−0.389*	0.712**
沼泽	0.772**	−0.232
耕地	0.504**	0.13

注：* 表示 5% 显著性水平,** 表示 1% 显著性水平。

3.5.2 空间像元尺度生长季 NDVI 与气温关系

为进一步研究植被生长季平均 NDVI 与气候因子的相关性,本书对植被生长季 NDVI 与气温进行逐像元相关分析。结果如图 3.12、表 3.9 和表 3.10 所示,大部分多年冻土区范围内(83.03%),植被生长季 NDVI 与气温呈正相关关系,其中 66.81% 的像元达到了显著性水平($P<0.05$),研究区 33.66% 的范围 NDVI 与气温相关系数达到 0.6 以上,28.31% 的区域两者之间相关系数为 0.4 ~ 0.6,这些较强正相关系数主要分布在大兴

安岭以及小兴安岭中部区域。研究区 16.97% 的区域植被 NDVI 与气温具有负相关关系,其中 8% 达到了显著性水平(P<0.05),该区主要集中在呼伦贝尔高原,气温升高,导致该区域土壤蒸散发强度增大,不利于植被生长。

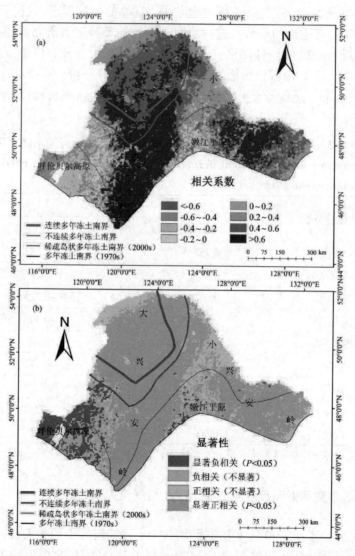

图 3.12 1982—2014 年东北多年冻土区植被生长季平均 NDVI 与气温相关性和显著性空间分布图

Fig 3.12 Correlations and 5% significant level between the growing season mean NDVI and air temperature of permafrost zone in northeastern China during 1982 to 2014

表 3.9 1982—2014 年东北多年冻土区植被生长季平均 NDVI 与气温相关性系数
所占像元比例

Table 3.9 Proportions of pixels for correlations coefficients between
the growing season mean NDVI and air temperature of permafrost zone in
northeastern China during 1982 to 2014

相关系数	像元比例
<−0.6	0.34%
−0.6 ~ −0.4	4.92%
−0.4 ~ −0.2	7.53%
−0.2 ~ 0	4.19%
0 ~ 0.2	5.83%
0.2 ~ 0.4	15.22%
0.4 ~ 0.6	28.31%
>0.6	33.66%

表 3.10 1982—2014 年东北多年冻土区植被生长季平均 NDVI 与气温相关系数显
著性水平所占像元比例

Table 3.10 Proportions of pixels for the 5% significant level of correlations
coefficients between the growing season mean NDVI and air temperature of
permafrost zone in northeastern China during 1982 to 2014

显著性	像元比例
显著负相关	8.00%
负相关(不显著)	8.97%
正相关(不显著)	16.22%
显著正相关	66.81%

3.5.3 空间像元尺度生长季 NDVI 与降水关系

植被生长季 NDVI 与降水的相关性呈现出与植被生长季 NDVI 与气温相关性相反的空间格局(图 3.13)。研究区 71.97% 的范围,植被 NDVI 与降水具有负相关关系,其中相关系数 −0.4 ~ −0.2 的像元数占全区的 33.93%(表 3.11),显著负相关系数主要分布于小兴安岭东南部分地区以及大兴安岭中南部零散区域。研究区西部典型草原区域以及松嫩平原部分地区,NDVI 与降水呈显著正相关关系,面积约为全区的 16.16%(表

3.12）。除西部区域外,研究区大部分地区 NDVI 与降水具有负相关关系可能的原因是由于此区域处于寒区生态系统,温度较低,降水增加会导致云覆盖增加,减少太阳辐射,妨碍植被的光合作用,进而影响植被生长,由前文可知,研究区生长季降水量减少,这在一定程度上促进植被生长,但对于西部区域而言,降水量减少会导致植被从土壤中可获取的水分减少,进而抑制植被的生长,降低植被覆盖。

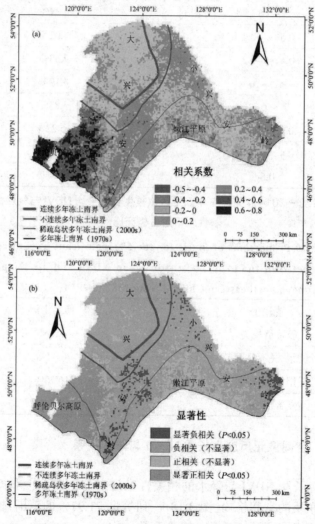

图 3.13　1982—2014 年东北多年冻土区植被生长季平均 NDVI 与降水相关性和显著性空间分布图

Fig 3.13 Correlations and 5% significant level between the growing season mean NDVI and precipitation of permafrost zone in northeastern China during 1982 to 2014

表 3.11 1982—2014 年东北多年冻土区植被生长季平均 NDVI 与降水相关性系数
所占像元比例

Table 3.11 Proportions of pixels for correlations coefficients between the
growing season mean NDVI and precipitation of permafrost zone in northeastern
China during 1982 to 2014

相关系数	像元比例
−0.6 ~ −0.4	0.83%
−0.4 ~ −0.2	33.93%
−0.2 ~ 0	37.21%
0 ~ 0.2	7.97%
0.2 ~ 0.4	5.37%
0.4 ~ 0.6	8.90%
>0.6	5.79%

表 3.12 1982—2014 年东北多年冻土区植被生长季平均 NDVI 与降水相关系数显
著性水平所占像元比例

Table 3.12 Proportions of pixels for the 5% significant level of correlations
coefficients between the growing season mean NDVI and precipitation of
permafrost zone in northeastern China during 1982 to 2014

显著性	像元比例
显著负相关	4.29%
负相关(不显著)	67.68%
正相关(不显著)	11.87%
显著正相关	16.16%

3.5.4 气温与降水对生长季 NDVI 相对重要性

研究区大部分范围(78.63%),植被生长季 NDVI 主要受到生长季平均温度的控制,21.37% 的范围受到生长季总降水的影响,且主要分布在呼伦贝尔高原以及松嫩平原北部区域(图 3.14)。

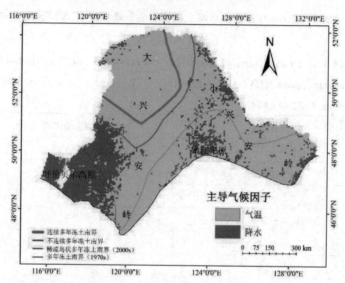

图 3.14　1982—2014 年东北多年冻土区植被生长季平均 NDVI 主导气候因子

Fig 3.14 Dominated factor of growing season NDVI in permafrost zone in northeastern China during 1982 to 2014

3.6　讨　论

生长季是非常绿林外植物生长最活跃的阶段,常常应用于植被动态变化研究中,因此生长季 NDVI 是分析植被生长季动态变化的有效指标(Piao 等,2003)。气候变化背景下,全球与区域尺度植被动态研究结果表明植被活动显著增强(Deng 等,2013;Zhou 等,2007;Piao 等,2006;方精云 等,2004;Tucker 等,2001)。Piao 等(2004)研究结果显示,1982—1999 年我国植被生长季 NDVI 呈现显著增加趋势(R^2=0.59,$P<0.001$),每年增加 0.001 5。李月臣等(2006)基于 1982—1999 年 GIMMS NDVI 数据研究显示,植被生长季 NDVI 总体呈上升趋势。此外,多年冻土区一些研究表明,随着气候变暖,冻土区的植被 NPP 与植被覆盖显著增加(Raynolds 等,2013;Yang 等,2011),这与本书的研究结果大体一致。

植被动态变化与气候因子具有很强的相关关系(Song 和 Ma,2011;Piao 等,2010;Goetz 等,2005),在整个研究区尺度,生长季 NDVI 与生长季平均气温表现出较强且显著的正相关关系,而与生长季总降水具有较弱且不显著的负相关关系,暗示了对于整个东北多年冻土区而言,植被

NDVI主要受到气温的影响,温度是该区植被生长的主控因子,这与先前一些研究结果类似(Liu等,2015;Fang等,2003)。本书区处于寒区生态系统,生长季平均气温较低,随着该区气温增加,会增强植被的光合作用,促进植被生长,增加植被覆盖。同时该区生长季降水减少有助于减少有云天气的发生,增加植被生长所必需的太阳辐射,进一步促进了植被的生长。空间像元尺度上植被NDVI与气温和降水的关系呈现出较强的空间异质性。研究区西部外的大部分地区,植被生长季NDVI的增加主要归功于该时段内气温的升高。温度增加增强植被光合作用,延长植被生长季长度,促进植被生长(Xu等,2013;Los等,2001)。研究区西部典型草原区域植被NDVI与气温具有显著负相关关系,该区温度增加会抑制植被的生长。在半干旱区,温度增加加快了地表蒸散发,从而减少了植被所能从土壤中获取的水分(Bao等,2014;Piao等,2004),阻碍植被生长。除研究区西部外的大部分地区,尤其是研究区北部区域,由于多年冻土的存在,季节融化作用可为该区植被提供丰富水分条件,该区对降水量的变化响应并不敏感(Fang和Yoda,1990),相比较而言,研究区西部植被生长主要受降水控制(Song等,2011)。

3.7　本章小结

本书使用一元线性回归方法和相关分析方法等在整个研究区尺度、不同植被类型尺度以及空间像元尺度分别研究了东北多年冻土区1982—2014年植被生长季平均NDVI变化趋势及其对气温和降水变化的响应。主要结论如下:

整个研究区尺度,生长季NDVI具有显著增加趋势。除草原植被外,其余7种植被类型NDVI均呈显著增加趋势,且空间像元尺度分析发现全区大部分像元植被NDVI具有增加趋势。进一步分析植被NDVI与气温和降水的相关性表明,研究区整体上受到温度的控制,草原植被NDVI受降水影响显著。

第 4 章　植被季节性 NDVI 变化及其对气候因子变化的响应

　　目前大部分学者对植被动态变化的研究主要集中在植被生长季的变化(黄森旺 等,2012)。尽管基于植被生长季趋势分析可以反映植被变化的整体趋势,但不能很好地反映植被的季节性变化趋势。有研究结果表明,春季植被的生长主要受春季温度的控制,两者之间具有较强的相关性以及相似的变化趋势(Mao 等,2012;Gong 等,2003;)。夏季植被生长最为旺盛,达到全年最高峰,对整个生长季植被的生长贡献最大。全球气候变化背景下,相关研究发现,秋季温度升高会减少土壤碳汇,部分地区生长季长度延长主要由秋季物候推迟导致(Dragoni 和 Rahman,2012),因此本书将生长季(4—10 月)进一步划分为春季、夏季以及秋季三个季节进行研究。

　　东北多年冻土区属于寒区生态系统,对气候变化响应十分敏感,具有针对性地分别研究春季、夏季以及秋季植被变化对全球变化相关研究具有重要意义。本书基于 1982—2014 年东北多年冻土区长时间序列 NDVI 数据,使用一元线性回归以及相关分析方法,通过对该区春季、夏季和秋季植被 NDVI 变化及其与气候因子的关系研究,揭示近 33 年来东北多年冻土区植被季节性变化趋势及其对气候因子的响应规律,以此为生态系统尤其是寒区生态系统的研究提供理论依据。

4.1　数据预处理

4.1.1　NDVI 数据

　　植被季节性 NDVI 数据处理过程与前一章节生长季 NDVI 处理过程一致。研究区生长季定义为 4—10 月份,为进一步研究植被生长季内部季节变化差异,将生长季具体划分为三个季节,即春季(4—5 月)、夏季(6—8 月)以及秋季(9—10 月)(Peng 等,2011)。每个季节平均 NDVI 分别由相应月份 NDVI 计算平均值得出,即可获得春季平均 NDVI、夏季平均 NDVI 和秋季平均 NDVI。

4.1.2　气候数据

季节性气候数据处理过程与前一章节生长季气候数据处理过程一致。与季节性 NDVI 数据相同,需要分别计算春、夏和秋三个季节的平均气温和总降水量,将气象站点数据利用 ArcGIS 平台空间插值后输出与季节性 NDVI 数据具有相同空间分辨率大小的 TIFF 文件作为后续的输入数据。计算得出的气象数据如下:春季平均气温、春季总降水量、夏季平均气温、夏季总降水量、秋季平均气温、秋季总降水量。

4.2　植被春季 NDVI

4.2.1　春季 NDVI 空间分布特征

由图 4.1 和表 4.1 可以看出,东北多年冻土区植被春季 NDVI 值较低,主要集中在 0.2 ~ 0.4,面积占整个研究区的 84.51%;研究区从西向东,植被 NDVI 逐渐增加。植被 NDVI>0.4 的区域占全区的 9.63%,主要分布在小兴安岭南部;研究区西部为温带草原集中区,该区植被春季平均 NDVI 值在 0.2 以下,占整个多年冻土面积的 5.86%。

表 4.1　1982—2014 年东北多年冻土区春季不同 NDVI 值所占像元比例

Table 4.1 Proportions of pixels for the different spring NDVI values of permafrost in northeastern China from 1982 to 2014

NDVI	像元比例
<0.4	5.86%
0.4 ~ 0.6	84.51%
>0.6	9.63%

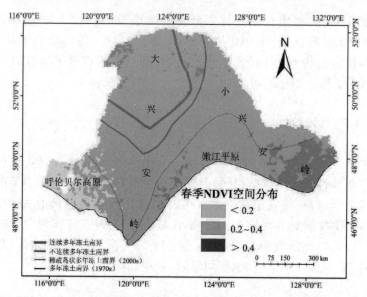

图 4.1 1982—2014 年东北多年冻土区植被春季平均 NDVI 空间分布

Fig 4.1 Spatial distribution of the spring mean NDVI values of permafrost zone in northeastern China during the period of 1982 to 2014

4.2.2 春季 NDVI 变化趋势

4.2.2.1 整个研究区尺度春季 NDVI 变化趋势

由图 4.2 可以看出,研究时段内,东北多年冻土区植被春季 NDVI 呈显著增加的趋势($P<0.05$),即从 1982 年的 0.31 增加到 2014 年的 0.42,平均每年增加 0.001 3。

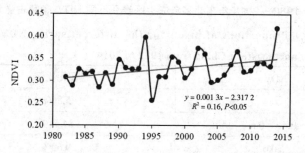

图 4.2 1982—2014 年东北多年冻土区植被春季平均 NDVI 年际变化趋势

Fig 4.2 Trend in spatial average spring mean NDVI values over the entire permafrost zone in northeastern China during the period of 1982 to 2014

研究区不同植被类型春季 NDVI 年际变化如图 4.3 所示,除草原植被春季 NDVI 呈现不显著减少(−0.000 4)趋势外,其余植被类型春季 NDVI 均具有增加的趋势,其中针叶林、阔叶林、草甸以及沼泽区达到显著性水平。植被春季 NDVI 年增加幅度依次为针叶林(0.002)>沼泽(0.001 9)>草甸(0.001 5)>阔叶林(0.001 4)>灌木林(0.000 9)>针阔混交林(0.000 8)>农田(0.000 6)。

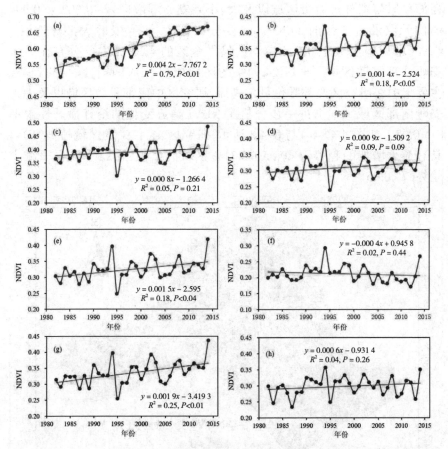

图 4.3　1982—2014 年东北多年冻土区不同植被类型春季平均 NDVI 年际变化趋势(a. 针叶林;b. 阔叶林;c. 针阔混交林;d. 灌木林;e. 草甸;f. 草原;g. 沼泽;h. 农田)

Fig 4.3 Trend in spatial average spring mean NDVI values of variable vegetation types over the entire permafrost zone in northeastern China during the period of 1982 to 2014(a : Needleleaf forests ; b : Broadleaf forests ; c : Broadleaf and conifer mixed forests ; d : Broadleaf shrubs and woodlands ; e : Meadow ; f : Steppe ; g : Swamp ; h : Cultivated)

4.2.2.3　空间像元尺度春季 NDVI 变化趋势

为进一步深入分析研究区植被春季 NDVI 变化特征,本书计算了空间像元尺度植被春季 NDVI 变化趋势,如图 4.4(a)与表 4.2 所示,研究区大部分区域(75.07%)的植被春季 NDVI 具有增加的趋势,其中 NDVI 增加趋势处于 0 ~ 0.002 的像元数占全区的 36.25%,主要集中在研究区西部草原与森林过渡带区域以及大、小兴安岭零散区域;0.002 ~ 0.004 的像元数量占全区的 34.53%,主要分布在大、小兴安岭大部分地区;NDVI 增加幅度大于 0.004 像元数仅占全区的 4.28%,主要分布在大兴安岭北部零散区域。全区 24.94% 的区域植被 NDVI 具有减少的趋势,主要集中在研究区西部呼伦贝尔高原、研究区中南部零散区域以及小兴安岭南部区域。本书进一步分析了 NDVI 趋势变化的统计显著性水平(P=0.05),如图 4.4(b)与表 4.3 所示,研究区 43.17% 的区域植被 NDVI 具有显著增加的趋势(P<0.05),8.31% 区域的植被 NDVI 呈现显著减少趋势(P<0.05)。

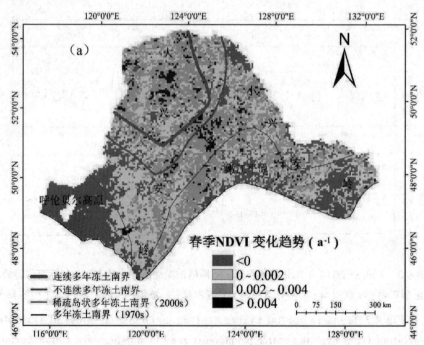

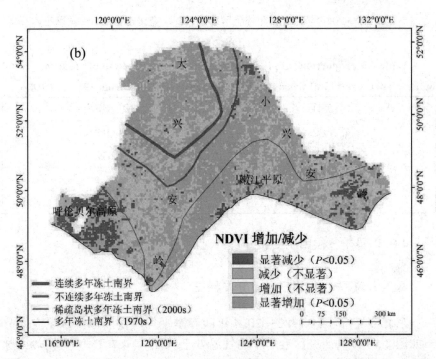

图 4.4　1982—2014 年东北多年冻土区植被春季平均 NDVI 变化趋势（5% 显著性水平检验）

Fig 4.4 Variation in the mean spring NDVI values of permafrost zone in northeastern China from 1982 to 2014（Statistical test at 5% significance level）

表 4.2　1982—2014 年东北多年冻土区春季 NDVI 变化趋势所占像元比例

Table 4.2 Proportions of pixels for the variations trend in mean spring NDVI of permafrost in northeastern China from 1982 to 2014

NDVI 变化趋势	像元比例
<0	24.94%
0 ~ 0.002	36.25%
0.002 ~ 0.004	34.53%
>0.004	4.28%

表 4.3　1982—2014 年东北多年冻土区春季 NDVI 变化趋势的 5% 显著性水平所
占像元比例

Table 4.3 Proportions of pixels for the 5% significant level of variations trend in mean spring NDVI of permafrost in northeastern China from 1982 to 2014

显著性	像元比例
显著减少	8.31%
减少（不显著）	16.63%
增加（不显著）	31.89%
显著增加	43.17%

4.2.3　春季气候因子变化分析

4.2.3.1　春季气候因子空间分布特征

东北多年冻土区 1982—2014 年间春季平均气温和总降水量空间分布如图 4.5 所示,研究区春季平均气温处于 −2.5 ~ 4.7 ℃,大兴安岭山脉区域气温较低,在 0℃ 以下,研究区西部与东部小兴安岭地区气温相对较高,处于 0℃ 以上;研究区春季总降水量呈现由西向东逐渐增加的分布格局,降水量在 26.5 ~ 87.9 mm,西部典型草原属于半干旱地区,降水较少,东部区域较湿润,降水量相对较多。

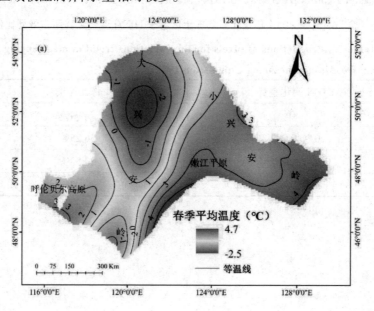

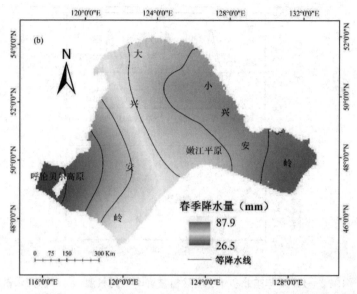

图 4.5　1982—2014 年东北多年冻土区春季平均气温和总降水量空间分布

Fig 4.5 Spatial patterns of spring mean air temperature and total precipitation of permafrost zone in northeastern China during 1982 to 2014

4.2.3.2　整个研究区尺度春季气候因子变化趋势

如图 4.6 所示,春季平均气温呈现不显著增加趋势,每年增加 0.02 ℃。与气温相比较而言,春季降水呈现显著增加的趋势,每年增加 0.91 mm。

4.2.3.3　不同植被类型春季气候因子变化趋势

不同植被类型区春季平均气温年际变化如图 4.7 所示,草原区春季气温具有显著升高趋势,其余 7 种植被类型的气温均呈不显著增加趋势,其中阔叶林、针阔混交林、灌木林和沼泽区域气温增加幅度最大,为 0.03 ℃/a,其次为针叶林、草甸和农田区域,每年增加 0.02 ℃。研究区不同植被类型春季总降水量年际变化趋势如图 4.8 所示,8 种植被类型区域春季总降水量均表现出增加的趋势,其中阔叶林、灌木林、草甸、草原和沼泽区达到了显著性水平($P<0.05$)。春季降水量增加幅度最大出现在阔叶林,每年增加 1.08 mm,其次为沼泽,为 1.04 mm/a,农田区降水量为 0.99 mm/a,草原区降水量每年增加 0.92 mm,灌木林为 0.83 mm/a,针阔混交林为 0.81 mm/a,草甸区为 0.80 mm/a,针叶林降水增加幅度最低,为 0.75 mm/a。

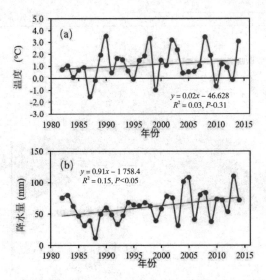

图 4.6　1982—2014 年东北多年冻土区植被春季平均气温（a）和总降水量（b）年
际变化趋势

Fig 4.6 Trend in spatial average spring mean air temperature（a）and total
precipitation（b）over the entire permafrost zone in northeastern China during
the period of 1982 to 2014

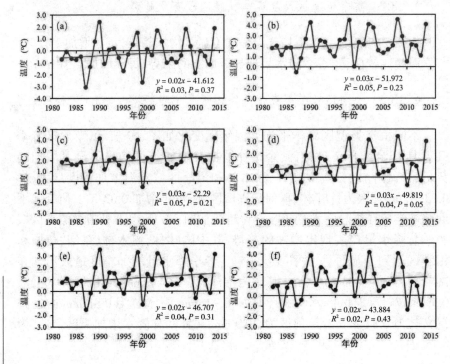

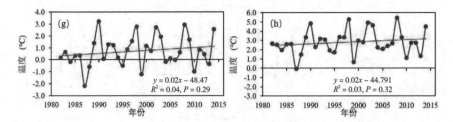

图 4.7　1982—2014 年东北多年冻土区不同植被类型春季平均气温年际变化趋势
（a. 针叶林；b. 阔叶林；c. 针阔混交林；d. 灌木林；e. 草甸；f. 草原；g. 沼泽；h. 农田）

Fig 4.7 Trend in spatial average spring mean air temperature of variable vegetation types over the entire permafrost zone in northeastern China during the period of 1982 to 2014（a：Needleleaf forests；b：Broadleaf forests；c：Broadleaf and conifer mixed forests；d：Broadleaf shrubs and woodlands；e：Meadow；f：Steppe；g：Swamp；h：Cultivated）

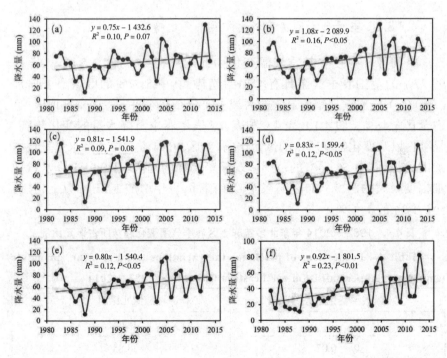

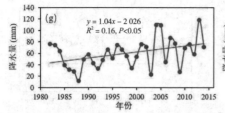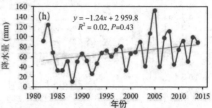

图4.8 1982—2014年东北多年冻土区不同植被类型春季总降水量年际变化趋势（a.针叶林；b.阔叶林；c.针阔混交林；d.灌木林；e.草甸；f.草原；g.沼泽；h.农田）

Fig 4.8 Trend in spatial average spring total precipitation of variable vegetation types over the entire permafrost zone in northeastern China during the period of 1982 to 2014（a：Needleleaf forests；b：Broadleaf forests；c：Broadleaf and conifer mixed forests；d：Broadleaf shrubs and woodlands；e：Meadow；f：Steppe；g：Swamp；h：Cultivated）

4.2.3.4 空间像元尺度春季气候因子变化趋势

空间像元尺度生长季气温变化如图4.9、表4.4和表4.5所示，全区99.27%的范围春季气温具有增加的趋势，其中5.67%的区域显著增加（$P<0.05$），气温增加幅度最大的区域主要分布在小兴安岭中东部地区，且占全区2.48%。图4.10、表4.6和表4.7表示春季总降水量的变化趋势、显著性以及变化幅度所占的像元比例，全区96.91%的像元降水量呈现增加的趋势，其中56.44%的范围呈现显著增加的趋势（$P<0.05$），降水量增加幅度最大的区域分布在小兴安岭东南部，每年增加1.5 mm以上，且占全区像元的1.12%。

表 4.4 1982—2014年东北多年冻土区春季气温变化趋势所占像元比例

Table 4.4 Proportions of pixels for the variations trend in mean spring air temperature of permafrost in northeastern China from 1982 to 2014

气温变化趋势	像元比例
<0	0.73%
0 ~ 0.02	38.85%
0.02 ~ 0.04	53.86%
0.04 ~ 0.06	4.08%
>0.04	2.48%

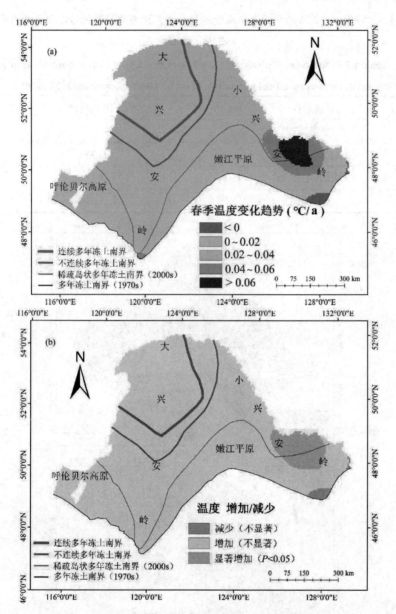

图 4.9　1982—2014 年东北多年冻土区植被春季平均气温变化趋势(5% 显著性水平检验)

Fig 4.9 Variation in the mean spring air temperature of permafrost zone in northeastern China from 1982 to 2014(Statistical test at 5% significance level)

表 4.5　1982—2014 年东北多年冻土区生长季气温变化趋势的 5% 显著性水平所占像元比例

Table 4.5 Proportions of pixels for the 5% significant level of variations trend in mean growing season air temperature of permafrost in northeastern China from 1982 to 2014

显著性	像元比例
显著减少	—
减少(不显著)	0.73%
增加(不显著)	93.60
显著增加	5.67%

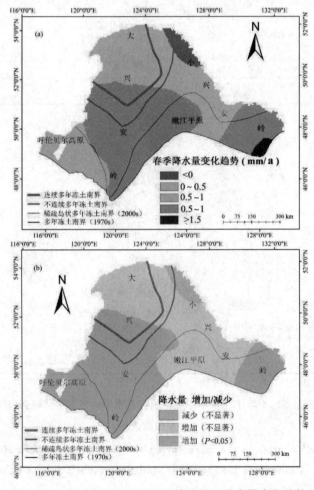

图 4.10　1982—2014 年东北多年冻土区植被春季总降水量变化趋势(5% 显著性水平检验)

Fig 4.10 Variation in the mean spring total precipitation of permafrost zone in northeastern China from 1982 to 2014（Statistical test at 5% significance level）

表 4.6 1982—2014 年东北多年冻土区春季总降水量变化趋势所占像元比例

Table 4.6 Proportions of pixels for the variations trend in spring total precipitation of permafrost in northeastern China from 1982 to 2014

气温变化趋势	像元比例
<0	3.09%
0 ~ 0.5	11.79%
0.5 ~ 1	33.72%
1 ~ 1.5	50.28%
>1.5	1.12%

表 4.7 1982—2014 年东北多年冻土区春季总降水量变化趋势的 5% 显著性水平所占像元比例

Table 4.7 Proportions of pixels for the 5% significant level of variations trend in spring total precipitation of permafrost in northeastern China from 1982 to 2014

显著性	像元比例
显著减少	—
减少（不显著）	3.09%
增加（不显著）	40.47%
显著增加	56.44%

4.2.4 春季 NDVI 的主导气候因子分析

4.2.4.1 不同植被类型区春季 NDVI 与温度和降水关系

本书分别计算了不同植被类型春季平均 NDVI 与气温和降水的相关性。如表 4.8 所示，整个研究区尺度 NDVI 与春季平均气温具有极显著正相关关系（$P<0.01$），相关系数为 0.504，而与春季总降水呈现不显著正相关关系，相关系数为 0.045；阔叶林、针阔混交林、灌木林、草甸、沼泽以及农田植被春季 NDVI 与气温均呈极显著正相关关系（$P<0.01$），相关系数分别为 0.587、0.503、0.476、0.509、0.457 和 0.590。针叶林和草原植被春季 NDVI 与气温具有显著正相关关系（$P<0.05$），相关系数分别为 0.414

和 0.393;阔叶林、草甸、沼泽和农田植被 NDVI 与降水具有弱正相关关系(不显著),相关系数分别为 0.064、0.073、0.114 和 0.106,针叶林、针阔混交林、灌木林和草原植被 NDVI 与降水具有弱负相关关系,相关系数分别为 -0.028、-0.169、-0.014 和 -0.063。研究结果在一定程度上表明,对于东北多年冻土区而言,春季气温是植被春季 NDVI 的主控因子,气温升高,植被 NDVI 具有增加的趋势,而春季 NDVI 与春季降水量相关性不显著。

表 4.8 1982—2014 年东北多年冻土区不同植被类型春季平均 NDVI 与气候因子相关系数

Table 4.8 Correlation coefficients between mean spring NDVI and climatic factors among different permafrost types of permafrost in northeastern China from 1982 to 2014

不同植被类型	相关系数	
	春季 NDVI 与温度	春季 NDVI 与降水
整个研究区	0.504**	0.045
针叶林	0.414*	-0.028
阔叶林	0.587**	0.064
针阔混交林	0.503**	-0.169
灌木林	0.476**	-0.014
草甸	0.509**	0.073
草原	0.393*	-0.063
沼泽	0.457**	0.114
耕地	0.590**	0.106

* 表示 5% 显著性水平;** 表示 1% 显著性水平。

4.2.4.2 空间像元尺度春季 NDVI 与温度关系

为进一步研究植被春季平均 NDVI 与气候因子的相关性,本书对植被春季 NDVI 与气温进行逐像元相关分析。结果如图 4.11、表 4.9 和表 4.10 所示,大部分多年冻土区范围内(98.52%)植被春季 NDVI 与气温呈正相关关系,其中 51.81% 的像元数量达到了显著性水平($P<0.05$),研究区 2.73% 的范围 NDVI 与气温相关系数达到 0.6 以上,33.52% 的区域两者之间相关系数在 0.4 ~ 0.6,这些较强正相关系数主要分布在大兴安岭中南部以及小兴安岭地区。研究区 1.48% 的区域植被 NDVI 与气温具有

负相关关系,且未达到显著性水平。

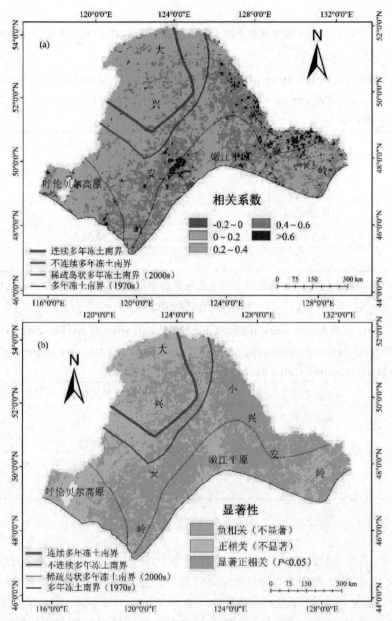

图 4.11　1982—2014 年东北多年冻土区植被春季平均 NDVI 与气温相关性和显著
　　　　性空间分布图

Fig 4.11 Correlations and 5% significant level between the spring mean

NDVI and air temperature of permafrost zone in northeastern China during 1982 to 2014

表 4.9 1982—2014 年东北多年冻土区植被春季平均 NDVI 与气温相关性系数所占像元比例

Table 4.9 Proportions of pixels for correlations coefficients between the spring mean NDVI and air temperature of permafrost zone in northeastern China during 1982 to 2014

相关系数	像元比例
−0.2 ~ 0	1.48%
0 ~ 0.2	13.63%
0.2 ~ 0.4	48.65%
0.4 ~ 0.6	33.52%
>0.6	2.73%

表 4.10 1982—2014 年东北多年冻土区植被春季平均 NDVI 与气温相关系数显著性水平所占像元比例

Table 4.10 Proportions of pixels for the 5% significant level of correlations coefficients between the spring mean NDVI and air temperature of permafrost zone in northeastern China during 1982 to 2014

显著性	像元比例
显著负相关	—
负相关(不显著)	1.48%
正相关(不显著)	46.71%
显著正相关	51.81%

4.2.4.3 空间像元尺度春季 NDVI 与降水关系

与春季 NDVI 和气温的相关性的空间分布不同的是春季 NDVI 与降水的相关性表现出很强的空间异质性。如图 4.12、表 4.11 和表 4.12 所示,研究区大部分像元(95.65%)春季 NDVI 与降水相关性未达到显著性水平,2.13% 的像元显示春季 NDVI 与降水具有显著的正相关关系($P<0.05$),主要分散在研究区西部草原与大兴安岭森林过渡带以及嫩江平原西部区域,研究区 3.22% 的范围春季 NDVI 与降水具有显著的负相关关系,主要分布于小兴安岭南部地区。

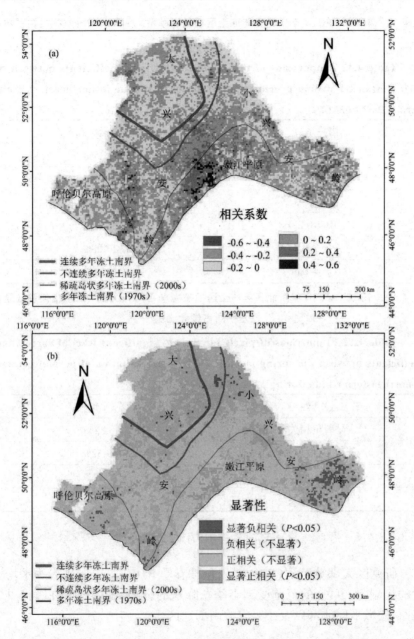

图 4.12　1982—2014 年东北多年冻土区植被春季平均 NDVI 与降水相关性和显著性空间分布图

Fig 4.12 Correlations and 5% significant level between the spring mean NDVI and precipitation of permafrost zone in northeastern China during 1982 to 2014

表 4.11　1982—2014 年东北多年冻土区植被春季平均 NDVI 与降水相关性系数所占像元比例

Table 4.11 Proportions of pixels for correlations coefficients between the spring mean NDVI and precipitation of permafrost zone in northeastern China during 1982 to 2014

相关系数	像元比例
−0.6 ~ −0.4	1.35%
−0.4 ~ −0.2	13.43%
−0.2 ~ 0	37.96%
0 ~ 0.2	35.18%
0.2 ~ 0.4	11.08%
0.4 ~ 0.6	0.99%

表 4.12　1982—2014 年东北多年冻土区植被春季平均 NDVI 与降水相关系数显著性水平所占像元比例

Table 4.12 Proportions of pixels for the 5% significant level of correlations coefficients between the spring mean NDVI and precipitation of permafrost zone in northeastern China during 1982 to 2014

显著性	像元比例
显著负相关	3.22%
负相关(不显著)	49.52%
正相关(不显著)	45.13%
显著正相关	2.13%

4.2.4.4　温度与降水量对春季 NDVI 相对重要性

研究区大部分范围(87.06%),植被春季 NDVI 主要受到春季平均温度的控制,12.94% 的范围受到春季总降水的影响,零星分布在呼伦贝尔高原、松嫩平原北部以及小兴安岭南部地区。

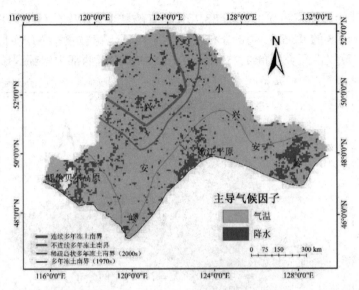

图 4.13　1982—2014 年东北多年冻土区植被春季平均 NDVI 主导气候因子

Fig 4.13 Dominated factor of spring NDVI in permafrost zone in northeastern China during 1982 to 2014

4.2.5　讨论

本书研究表明,1982—2014 年东北多年冻土区春季 NDVI 整体上呈现显著增强的趋势,且主要受到春季气温的影响,即春季平均气温增加,导致春季平均 NDVI 增加。张学珍等(2012)研究表明,1982—2006 年中国东北植被春季 NDVI 具有增加的趋势,王宗明等(2009)研究也发现东北地区春季 NDVI 具有增加的趋势且与春季温度关系密切,这与本书的研究结果一致。东北多年冻土区处于寒区生态系统,气温较低,植被对于温度变化比较敏感,春季气温升高,促进植被光作用,导致植被 NDVI 增加。

4.3　植被夏季 NDVI

4.3.1　夏季 NDVI 空间分布特征

由图 4.14 和表 4.13 可以看出,东北多年冻土区植被夏季 NDVI 值较高,植被生长茂盛,除研究区西部典型草原区域外,植被夏季 NDVI 值均在 0.6 以上,面积占研究区的 88.70%。植被夏季 NDVI 在 0.4 ~ 0.6 的像元数占全区的 9.55%,主要分布在研究区西部。植被夏季 NDVI 低于 0.4 的像元数仅占研究区的 1.75%,主要分布在研究区西部中南部区域。

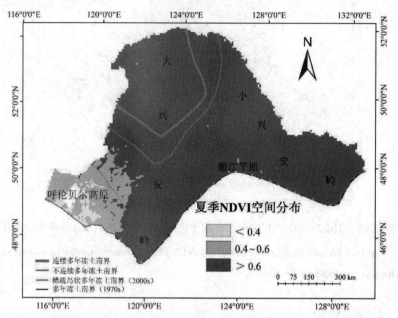

图 4.14   1982—2014 年东北多年冻土区植被夏季平均 NDVI 空间分布

Fig 4.14 Spatial distribution of the summer mean NDVI values of permafrost zone in northeastern China during the period of 1982 to 2014

表 4.13   1982—2014 年东北多年冻土区夏季不同 NDVI 值所占像元比例

Table 4.13 Proportions of pixels for the different summer NDVI values of permafrost in northeastern China from 1982 to 2014

NDVI	像元比例
<0.4	1.75%
0.4 ~ 0.6	9.55%
>0.6	88.70%

4.3.2 夏季 NDVI 变化趋势

4.3.2.1   整个研究区尺度夏季 NDVI 变化趋势

由图 4.15 可以看出,研究时段内,东北多年冻土区植被夏季 NDVI 呈极显著增加的趋势（P<0.01），即从 1982 年的 0.70 增加到 2014 年的 0.79，平均每年增加 0.003 1。

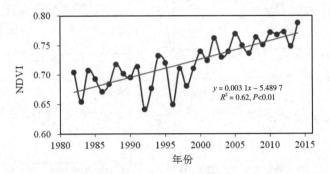

图 4.15　1982—2014 年东北多年冻土区植被夏季平均 NDVI 年际变化趋势

Fig 4.15 Trend in spatial average summer mean NDVI values over the entire permafrost zone in northeastern China during the period of 1982 to 2014

4.3.2.2　不同植被类型夏季 NDVI 变化趋势

研究区不同植被类型夏季 NDVI 年际变化如图 4.16 所示，除草原植被夏季 NDVI 呈现不显著下降（–0.000 4）趋势外，其余植被类型夏季 NDVI 均具有极显著增加的趋势（P<0.01）。植被夏季 NDVI 年增加幅度依次为针叶林（0.004 7）>针阔混交林（0.004 0）>沼泽（0.003 5）>阔叶林（0.003 3）>草甸（0.003 2）>灌木林（0.002 4）>农田（0.002 3）。

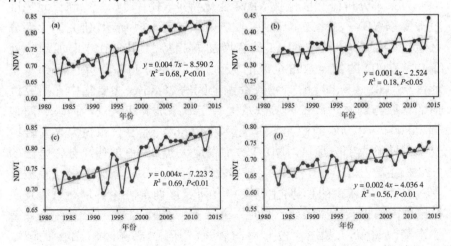

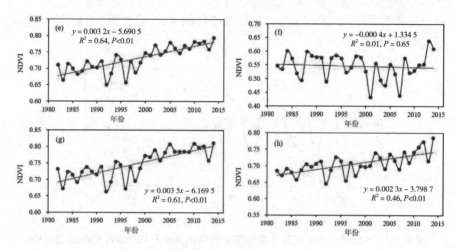

图 4.16　1982—2014 年东北多年冻土区不同植被类型夏季平均 NDVI 年际变化趋势
（a. 针叶林；b. 阔叶林；c. 针阔混交林；d. 灌木林；e. 草甸；f. 草原；g. 沼泽；h. 农田）

Fig 4.16 Trend in spatial average summer mean NDVI values of variable vegetation types over the entire permafrost zone in northeastern China during the period of 1982 to 2014（a：Needleleaf forests；b：Broadleaf forests；c：Broadleaf and conifer mixed forests；d：Broadleaf shrubs and woodlands；e：Meadow；f：Steppe；g：Swamp；h：Cultivated）

4.3.2.3　空间像元尺度夏季 NDVI 变化趋势

为深入分析研究区植被 NDVI 变化特征,本书计算了空间像元尺度植被夏季 NDVI 变化趋势,如图 4.17（a）与表 4.14 所示,研究区大部分区域（88.82%）的植被 NDVI 具有增加的趋势,其中 NDVI 增加趋势处于 0 ~ 0.002 的像元数占全区的 12.02%,主要分布在研究区西部零星地区。0.002 ~ 0.004 的像元数量占全区的 28.86%,主要集中在研究区西部草原与森林过渡带区域以及大兴安岭东坡和小兴安岭西坡中间地带。0.004 ~ 0.006 的像元数占全区的 40.66%,主要分布在大兴安岭以及小兴安岭大部分地区。NDVI 增加幅度大于 0.006 的像元数占全区的 7.28%,主要分布在大兴安岭北部零散区域。全区 11.18% 的区域植被夏季 NDVI 具有减少的趋势,主要集中在研究区西部呼伦贝尔高原以及研究区中南部松嫩平原区域。同时本书计算了 NDVI 趋势变化的统计显著性水平（$P=0.05$）,如图 4.17（b）与表 4.15 所示,研究区 81.29% 的区域植被 NDVI 具有显著增加的趋势（$P<0.05$）,2.20% 区域的植被 NDVI 呈现显著减少趋势（$P<0.05$）。

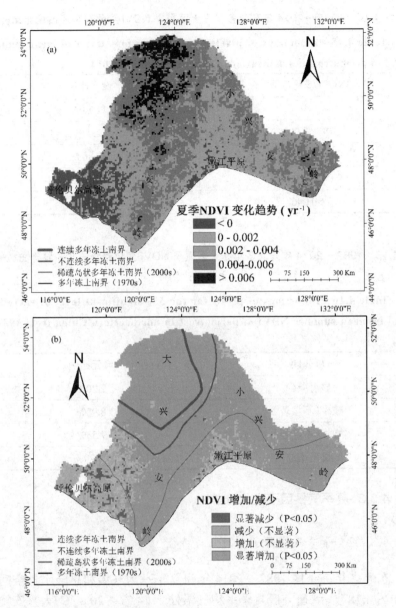

图 4.17　1982—2014 年东北多年冻土区植被夏季平均 NDVI 变化趋势
（5% 显著性水平检验）

Fig 4.17 Variation in the mean summer NDVI values of permafrost zone in northeastern China from 1982 to 2014（Statistical test at 5% significance level）

表 4.14　1982—2014 年东北多年冻土区夏季 NDVI 变化趋势所占像元比例

Table 4.15 Proportions of pixels for the variations trend in mean summer NDVI of permafrost in northeastern China from 1982 to 2014

NDVI 变化趋势	像元比例
<0	11.18%
0 ~ 0.002	12.02%
0.002 ~ 0.004	28.86%
0.004 ~ 0.006	40.66%
>0.006	7.28%

表 4.15　1982—2014 年东北多年冻土区夏季 NDVI 变化趋势的 5% 显著性水平所占像元比例

Table 4.16 Proportions of pixels for the 5% significant level of variations trend in mean summer NDVI of permafrost in northeastern China from 1982 to 2014

显著性	像元比例
显著减少	2.20%
减少(不显著)	8.98%
增加(不显著)	7.53%
显著增加	81.29%

4.3.3　夏季气候因子变化分析

4.3.3.1　夏季气候因子空间分布特征

东北多年冻土区 1982—2014 年间夏季平均气温和总降水量空间分布如图 4.18 所示,研究区夏季平均气温处于 14.7 ~ 20.8 ℃,大兴安岭山脉区域气温较低,在 14.7 ~ 17 ℃,研究区西部呼伦贝尔高原、松嫩平原以及东部小兴安岭地区气温相对较高,处于 17 ℃以上;研究区夏季总降水量呈现由西向东逐渐增加的分布格局,降水量在 191.8 ~ 398.9 mm,西部典型草原属于半干旱地区,夏季降水较少,东部区域较湿润,降水量相对较多。

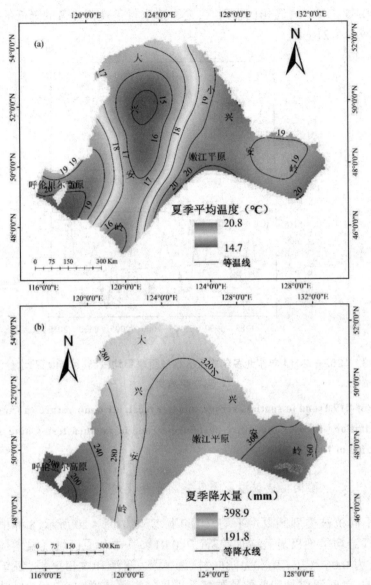

图 4.18　1982—2014 年东北多年冻土区夏季平均气温和总降水量空间分布

Fig 4.18 Spatial patterns of summer mean air temperature and total precipitation of permafrost zone in northeastern China during 1982 to 2014

4.3.3.2　整个研究区尺度夏季气候因子变化趋势

如图 4.19 所示,夏季平均气温具有极显著增加趋势($P<0.01$),每年

增加 0.05 ℃。与气温相比较而言,夏季降水量呈现不显著的降低的趋势,每年减少 1.21 mm。

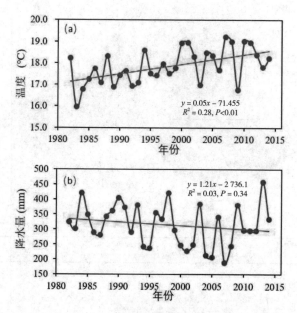

图 4.19 1982—2014 年东北多年冻土区植被夏季平均气温(a)和总降水量(b)年际变化趋势

Fig 4.19 Trend in spatial average summer mean air temperature(a)and total precipitation(b)over the entire permafrost zone in northeastern China during the period of 1982 to 2014

4.3.3.3 不同植被类型夏季气候因子变化趋势

不同植被类型区夏季平均气温年际变化如图 4.20 所示,8 种植被类型的气温均呈现极显著增加趋势($P<0.01$),其中草原区域气温增加幅度最大,为 0.06 ℃/a,其次为阔叶林、灌木林、沼泽和农田区域,每年增加0.05 ℃,针阔混交林和草甸植被夏季平均气温每年增加 0.04℃,针叶林夏季气温增加幅度最小,为 0.03℃/a。研究区不同植被类型夏季总降水量年际变化趋势如图 4.21 所示,8 种植被类型区夏季总降水量均表现出减少的趋势,均未达到显著性水平,其中夏季降水量减少幅度最大出现在草原植被区,每年减少 2.14 mm,其次为灌木林,变化率为 -1.97 mm/a,沼泽为 -1.34 mm/a,阔叶林为 -1.07 mm/a,草甸为 -1.05 mm/a,针叶林为 -1.04 mm/a,针阔混交林为 -0.85 mm/a,农田区减少幅度最低,为 -0.66 mm/a。

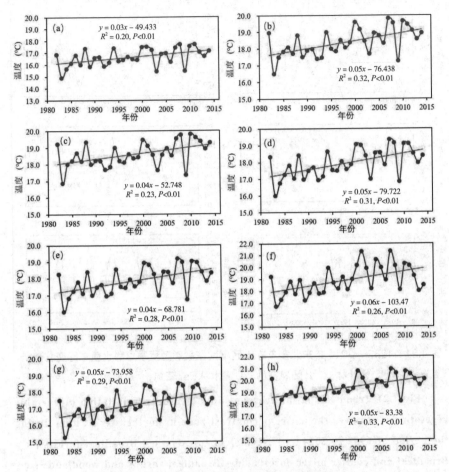

图 4.20　1982—2014 年东北多年冻土区不同植被类型夏季平均气温年际变化趋势
（a. 针叶林；b. 阔叶林；c. 针阔混交林；d. 灌木林；e. 草甸；f. 草原；g. 沼泽；h. 农田）

Fig 4.20 Trend in spatial average summer mean air temperature of variable vegetation types over the entire permafrost zone in northeastern China during the period of 1982 to 2014（a：Needleleaf forests；b：Broadleaf forests；c：Broadleaf and conifer mixed forests；d：Broadleaf shrubs and woodlands；e：Meadow；f：Steppe；g：Swamp；h：Cultivated）

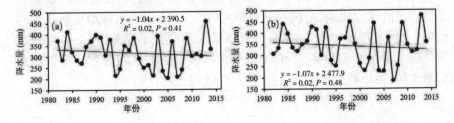

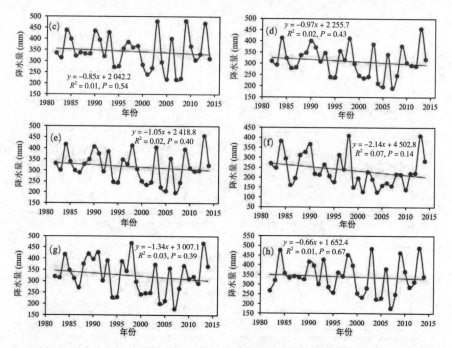

图 4.21 1982—2014 年东北多年冻土区不同植被类型夏季总降水量年际变化趋势（a. 针叶林；b. 阔叶林；c. 针阔混交林；d. 灌木林；e. 草甸；f. 草原；g. 沼泽；h. 农田）

Fig 4.21 Trend in spatial average summer total precipitation of variable vegetation types over the entire permafrost zone in northeastern China during the period of 1982 to 2014（a：Needleleaf forests；b：Broadleaf forests；c：Broadleaf and conifer mixed forests；d：Broadleaf shrubs and woodlands；e：Meadow；f：Steppe；g：Swamp；h：Cultivated）

4.3.3.4　空间像元尺度夏季气候因子变化趋势

空间像元尺度夏季平均气温变化如图 4.22、表 4.16 和表 4.17 所示，全区气温均具有增加的趋势，其中 82.04% 的区域显著增加（$P<0.05$），气温增加幅度最大的区域主要分布在大兴安岭北部，且占全区 16.46%。图 4.23、表 4.18 和表 4.19 表示夏季总降水量的变化趋势、显著性以及变化幅度所占的像元比例，全区大部分像元（97.51%）的降水量均呈现减少的趋势，全区大部分（97.51%）范围夏季降水量变化不显著，仅 2.49% 的范围呈现显著减少的趋势（$P<0.05$），减少幅度最大的区域分布呼伦贝尔高原西北角，每年减少 3 mm 以上，且占全区像元的 0.93%。

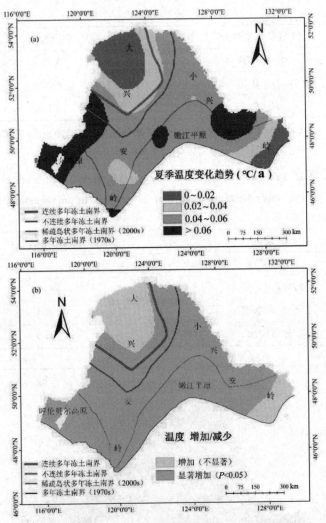

图 4.22 1982—2014 年东北多年冻土区植被夏季平均气温变化趋势（5% 显著性
水平检验）

Fig 4.22 Variation in the mean summer air temperature of permafrost zone in
northeastern China from 1982 to 2014（Statistical test at 5% significance level）

表 4.16 1982—2014 年东北多年冻土区夏季气温变化趋势所占像元比例

Table 4.16 Proportions of pixels for the variations trend in mean summer air
temperature of permafrost in northeastern China from 1982 to 2014

气温变化趋势	像元比例
0 ~ 0.02	13.46%

气温变化趋势	像元比例
0.02 ~ 0.04	15.59%
0.04 ~ 0.06	54.49%
>0.06	16.46%

表 4.17　1982—2014 年东北多年冻土区夏季气温变化趋势的 5% 显著性水平所占像元比例

Table 4.17 Proportions of pixels for the 5% significant level of variations trend in mean summer air temperature of permafrost in northeastern China from 1982 to 2014

显著性	像元比例
显著减少	—
减少（不显著）	—
增加（不显著）	17.96%
显著增加	82.04%

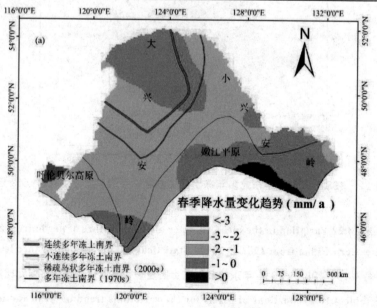

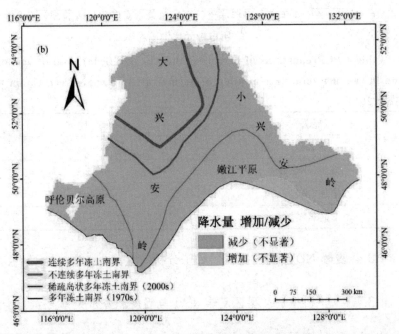

图 4.23　1982—2014 年东北多年冻土区植被夏季总降水量变化趋势（5% 显著性
水平检验）

Fig 4.23 Variation in the mean summer total precipitation of permafrost zone in northeastern China from 1982 to 2014（Statistical test at 5% significance level）

表 4.18　1982—2014 年东北多年冻土区夏季总降水量变化趋势所占像元比例

Table 4.18 Proportions of pixels for the variations trend in growing season total precipitation of permafrost in northeastern China from 1982 to 2014

气温变化趋势	像元比例
<-3	0.93%
-3 ~ -2	16.97%
-2 ~ -1	39.69%
-1 ~ 0	39.92%
>0	2.49%

表 4.19　1982—2014 年东北多年冻土区夏季总降水量变化趋势的 5% 显著性水平
所占像元比例

Table 4.19 Proportions of pixels for the 5% significant level of variations
trend in summer total precipitation of permafrost in northeastern China from
1982 to 2014

显著性	像元比例
显著减少	—
减少(不显著)	97.51%
增加(不显著)	2.49%
显著增加	—

4.3.4　夏季 NDVI 的主导气候因子分析

4.3.4.1　不同植被类型区夏季 NDVI 与温度和降水关系

本书分别计算了不同植被类型夏季 NDVI 与气温和降水的相关性。如表 4.20 所示,整个研究区尺度夏季 NDVI 与夏季平均气温具有极显著正相关关系($P<0.01$),相关系数为 0.641,而与夏季总降水呈现不显著弱负相关关系,相关系数为 −0.267;针叶林、阔叶林、针阔混交林、灌木林、草甸、沼泽以及农田植被夏季 NDVI 与气温均呈极显著正相关关系($P<0.01$),相关系数分别为 0.577、0.682、0.640、0.593、0.645、0.660 和 0.503,而对于草原植被而言,植被夏季 NDVI 与气温具有极显著负相关关系($P<0.01$),相关系数为 −0.445;针叶林、阔叶林、针阔混交林、灌木林、草甸、沼泽和农田植被 NDVI 与降水具有负相关关系,相关系数分别为 −0.349、−0.318、−0.283、−0.127、−0.268、−0.391 和 −0.094,其中针叶林和沼泽植被 NDVI 与降水的相关性达到了显著性水平($P<0.05$),而对于草原植被而言,NDVI 与降水量呈现极显著正相关关系,相关系数达到 0.667。研究结果在一定程度上表明,对于东北多年冻土区而言,气温是植被夏季 NDVI 的主控因子,气温升高,植被 NDVI 具有增加的趋势。进一步对不同植被类型而言,气温升高,导致针叶林、阔叶林、针阔混交林、灌木林、草甸、沼泽和农田植被生长季 NDVI 增加,而草原区植被因气温升高,植被 NDVI 下降,同时草原区降水量减少也会抑制植被生长。

表 4.20   1982—2014 年东北多年冻土区不同植被类型夏季平均 NDVI 与气候因子
相关系数

Table 4.20 Correlation coefficients between mean summer NDVI and climatic factors among different permafrost types of permafrost in northeastern China from 1982 to 2014

不同植被类型	相关系数	
	夏季 NDVI 与温度	夏季 NDVI 与降水
整个研究区	0.641**	−0.267
针叶林	0.577**	−0.349*
阔叶林	0.682**	−0.318
针阔混交林	0.640**	−0.283
灌木林	0.593**	−0.127
草甸	0.645**	−0.268
草原	−0.445**	0.667**
沼泽	0.660**	−0.391*
耕地	0.503**	−0.094

注: * 表示 5% 显著性水平; ** 表示 1% 显著性水平。

4.3.4.2   空间像元尺度夏季 NDVI 与温度关系

为进一步研究植被夏季平均 NDVI 与气候因子的相关性,本书对植被夏季 NDVI 与气温进行逐像元相关分析。结果如图 4.24、表 4.21 和表 4.22 所示,大部分多年冻土区范围内(83.47%),植被夏季 NDVI 与气温呈正相关关系,其中 63.95% 的像元达到了显著性水平($P<0.05$),研究区 23.29% 的范围 NDVI 与气温相关系数达到 0.6 以上,35.19% 的区域两者之间相关系数在 0.4 ~ 0.6,这些较强正相关系数主要分布在大兴安岭以及小兴安岭大部分区域。研究区 16.53% 的区域植被 NDVI 与气温具有负相关关系,其中 10.54% 达到了显著性水平($P<0.05$),该区主要集中在呼伦贝尔高原典型草原区,气温升高,导致该区域土壤蒸散发强度增大,不利于植被生长。

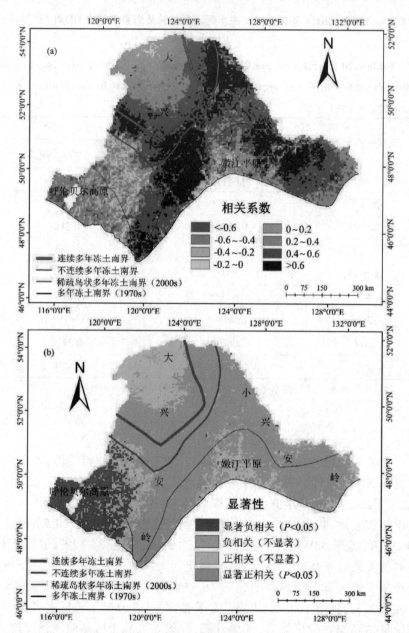

图 4.24 1982—2014 年东北多年冻土区植被夏季平均 NDVI 与气温相关性和显著性空间分布图

Fig 4.24 Correlations and 5% significant level between the summer mean NDVI and air temperature of permafrost zone in northeastern China during 1982 to 2014

表 4.21　1982—2014 年东北多年冻土区植被夏季平均 NDVI 与气温相关性系数所占像元比例

Table 4.21 Proportions of pixels for correlations coefficients between the summer mean NDVI and air temperature of permafrost zone in northeastern China during 1982 to 2014

相关系数	像元比例
<-0.6	1.24%
-0.6 ~ -0.4	7.58%
-0.4 ~ -0.2	4.48%
-0.2 ~ 0	3.22%
0 ~ 0.2	8.92%
0.2 ~ 0.4	16.07%
0.4 ~ 0.6	35.19%
>0.6	23.29%

表 4.22　1982—2014 年东北多年冻土区植被夏季平均 NDVI 与气温相关系数显著性水平所占像元比例

Table 4.22 Proportions of pixels for the 5% significant level of correlations coefficients between the summer mean NDVI and air temperature of permafrost zone in northeastern China during 1982 to 2014

显著性	像元比例
显著负相关	10.54%
负相关(不显著)	5.99%
正相关(不显著)	19.52%
显著正相关	63.95%

4.3.4.3　空间像元尺度夏季 NDVI 与降水关系

植被夏季 NDVI 与降水的相关性呈现出与植被夏季 NDVI 与气温相关性相反的空间格局(图 4.25)。研究区 79.07% 的范围,植被 NDVI 与降水具有负相关关系,其中相关系数 -0.4 ~ -0.2 的像元数占全区的 17.73%(表 4.23),相关系数 -0.2 ~ 0 的像元数占全区的 61.34%,全区大部分地区 NDVI 与降水相关性不显著(78.88%)。研究区西部典型草原区,NDVI 与降水呈显著正相关关系,面积约为全区的 10.46%(表 4.24)。

除西部区域外,研究区大部分地区 NDVI 与降水具有负相关关系可能的原因是由于此区域处于寒区生态系统,该区温度较低,降水增加会导致云覆盖增加,减少太阳辐射,妨碍植被的光合作用,进而影响植被生长,且由于夏季多年冻土的融化,该区土壤中可供植被生长的水分充足,降水不是该区的主要控制因子,降水量的增加会抑制该区植被的生长,由前文可知,研究区夏季降水量减少,这在一定程度上促进植被生长,但对于西部区域而言,降水量减少会导致植被从土壤中可获取的水分减少,进而抑制植被的生长,降低植被覆盖。

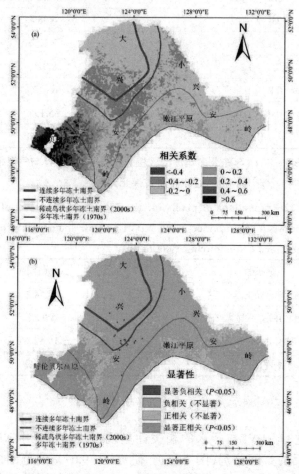

图 4.25 1982—2014 年东北多年冻土区植被夏季平均 NDVI 与降水相关性和显著性空间分布图

Fig 4.25 Correlations and 5% significant level between the summer mean NDVI and precipitation of permafrost zone in northeastern China during 1982 to 2014

表 4.23　1982—2014 年东北多年冻土区植被夏季平均 NDVI 与降水相关性系数所占像元比例

Table 4.23 Proportions of pixels for correlations coefficients between the summer mean NDVI and precipitation of permafrost zone in northeastern China during 1982 to 2014

相关系数	像元比例
<-0.4	0.01%
-0.4 ~ -0.2	17.73%
-0.2 ~ 0	61.34%
0 ~ 0.2	8.01%
0.2 ~ 0.4	3.58%
0.4 ~ 0.6	6.04%
>0.6	3.29%

表 4.24　1982—2014 年东北多年冻土区植被夏季平均 NDVI 与降水相关系数显著性水平所占像元比例

Table 4.24 Proportions of pixels for the 5% significant level of correlations coefficients between the summer mean NDVI and precipitation of permafrost zone in northeastern China during 1982 to 2014

显著性	像元比例
显著负相关	0.20%
负相关(不显著)	78.88%
正相关(不显著)	10.46%
显著正相关	10.46%

4.3.4.4　温度与降水量对夏季 NDVI 相对重要性

研究区大部分范围(86.20%),植被生长季 NDVI 主要受到生长季平均温度的控制,13.80% 的范围受到夏季总降水的影响,且主要分布在呼伦贝尔高原以及大兴安岭北部区域(图 4.25)。

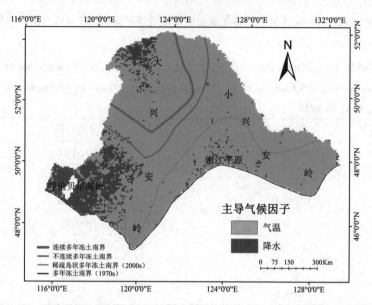

图 4.25 1982—2014 年东北多年冻土区植被夏季平均 NDVI 主导气候因子

Fig 4.25 Dominated factor of summer NDVI in permafrost zone in northeastern China during 1982 to 2014

4.3.5 讨论

本书研究结果表明,1982—2014 年东北多年冻土区植被夏季 NDVI 具有显著增加趋势。朴世龙等(2003)和李月臣等(2006)研究表明,1982—1999 年中国北部地区植被夏季 NDVI 总体呈现增加的趋势,与本书研究结果大体一致。夏季植被动态变化与气候因子关系密切,在整个研究区尺度,夏季 NDVI 与夏季平均气温表现出较强且显著的正相关关系,暗示了对于整个东北多年冻土区而言,植被夏季 NDVI 主要受到气温的影响,温度是该区植被生长的主控因子,这与先前一些研究结果类似(Liu 等,2015)。本书区处于寒区生态系统,夏季平均气温较低,随着该区气温增加,会增强植被的光合作用,促进植被生长,增加植被覆盖。同时该区夏季降水减少有助于减少有云天气的发生,增加植被生长所必需的太阳辐射,进一步促进了植被的生长。空间像元尺度上植被 NDVI 与气温和降水的关系呈现出较强的空间异质性。研究区西部外的大部分地区,植被夏季 NDVI 的增加主要归功于该时段内气温的升高。温度增加增强植被光合作用,延长植被生长季长度,促进植被生长(Jeong 等,2011;Los 等,2001)。研究区西部典型草原区域植被 NDVI 与气温具有显著负相关关系,该区温度增加会抑制植被的生长。在半干旱区,温度增加加快了地表蒸散发,从而减少了植被所能从土壤中获取的水分(Bao 等,2014),阻碍植被生长。除研究区西部外的大部分地区,尤其是研究区北部区域,由于多年冻土的存在,季节融化作用可为该区植被提供丰富水分条件,该区对降水量的变化响应并不敏感(Fang 等,1990),相比较而言,研究区西部植被生长主要受降水控制(Mao 等,2012)。

4.4　植被秋季 NDVI

4.4.1　秋季 NDVI 空间分布特征

由图 4.27 和表 4.25 可以看出,东北多年冻土区植被秋季 NDVI 值相对较高,主要集中在 0.4 ~ 0.6,面积占全区 76.45%。植被 NDVI>0.6 的区域仅占全区的 0.99%,零散分布在小兴安岭南部区域;研究区西部以及松嫩平原北部区域秋季 NDVI 值相对较低,在 0.4 以下,占整个多年冻土区面积的 22.56%。

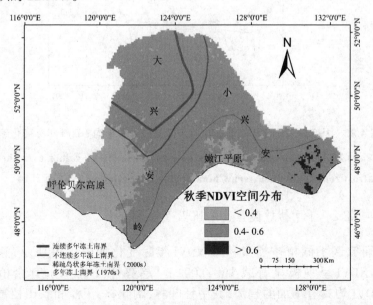

图 4.27　1982—2014 年东北多年冻土区植被秋季平均 NDVI 空间分布

Fig 4.27 Spatial distribution of the autumn mean NDVI values of permafrost zone in northeastern China during the period of 1982 to 2014

表 4.25 1982—2014 年东北多年冻土区秋季不同 NDVI 值所占像元比例

Table 4.25 Proportions of pixels for the different autumn NDVI values of permafrost in northeastern China from 1982 to 2014

NDVI	像元比例
<0.4	22.56%
0.4 ~ 0.6	76.45%
>0.6	0.99%

4.4.2 秋季 NDVI 变化趋势

4.4.2.1 整个研究区尺度秋季 NDVI 变化趋势

由图 4.28 可以看出,研究时段内,东北多年冻土区植被秋季平均 NDVI 呈显著增加的趋势($P<0.05$),即从 1982 年的 0.45 增加到 2014 年的 0.47,平均每年增加 0.000 9。

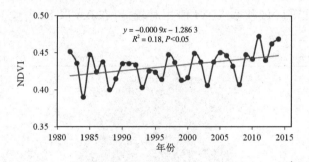

图 4.28 1982—2014 年东北多年冻土区植被秋季平均 NDVI 年际变化趋势

Fig 4.28 Trend in spatial average autumn mean NDVI values over the entire permafrost zone in northeastern China during the period of 1982 to 2014

4.4.2.2 不同植被类型秋季 NDVI 变化趋势

研究区不同植被类型秋季 NDVI 年际变化如图 4.29 所示,除草原植被 NDVI 呈现极显著减少(−0.002 3)趋势外($P<0.01$),其余植被类型 NDVI 均具有增加的趋势,其中针叶林、阔叶林、沼泽和农田植被秋季 NDVI 增加趋势达到了显著性水平($P<0.05$)。植被秋季 NDVI 年增加幅度依次为针叶林(0.002 0)>沼泽、农田(0.001 3)>针阔混交林(0.001 2)>阔叶林(0.001 1)>灌木林和草甸(0.001 0)。

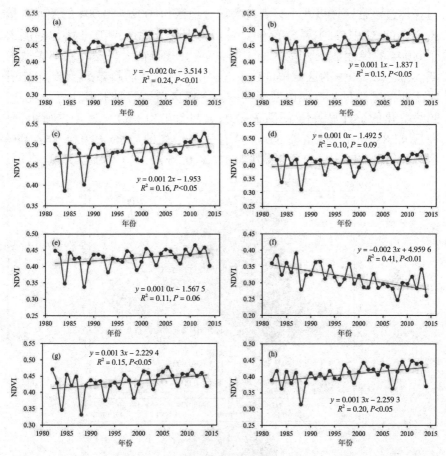

图 4.29　1982—2014 年东北多年冻土区不同植被类型秋季平均 NDVI 年际变化趋势
（a. 针叶林；b. 阔叶林；c. 针阔混交林；d. 灌木林；e. 草甸；f. 草原；g. 沼泽；h. 农田）

Fig 4.29 Trend in spatial average autumn mean NDVI values of variable vegetation types over the entire permafrost zone in northeastern China during the period of 1982 to 2014（a : Needleleaf forests ; b : Broadleaf forests ; c : Broadleaf and conifer mixed forests ; d : Broadleaf shrubs and woodlands ; e : Meadow ; f : Steppe ; g : Swamp ; h : Cultivated）

4.4.2.3　空间像元尺度秋季 NDVI 变化趋势

为深入分析研究区植被 NDVI 变化特征，本书计算了空间像元尺度植被秋季 NDVI 变化趋势，如图 4.30（a）与表 4.26 所示，研究区大部分区域（72.61%）的植被秋季 NDVI 具有增加的趋势，其中 NDVI 增加趋势处于 0 ~ 0.002 的像元数占全区的 38.76%，主要集中在研究区西部草原与森林过渡带区域以及小兴安岭大部分地区；0.002 ~ 0.004 的像元数量占全区的 31.91%，主要分布在大兴安岭大部分地区；NDVI 增加幅度大于 0.004 的像元数仅占全区的 1.94%，主要分布在大兴安岭北部零散区域。全区 27.39% 的区域植被秋季 NDVI 具有减少的趋势，主要集中在研究区西部呼伦贝尔高原以及小兴安岭零散区域。同时本书分析了 NDVI 趋势变化的统计显著性水平(P=0.05)，如图 4.30 (b) 与表 4.27 所示，研究区 42.88% 的区域植被 NDVI 具有显著增加的趋势(P<0.05)，14.44% 区域的植被 NDVI 呈现显著减少趋势(P<0.05)。

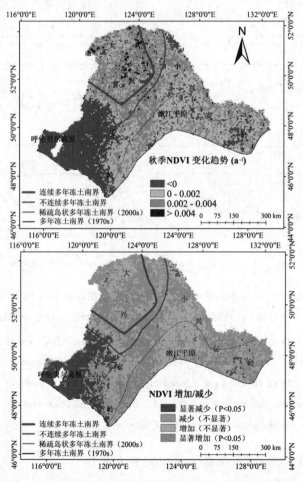

图 4.30 1982—2014 年东北多年冻土区植被秋季平均 NDVI 变化趋势(5% 显著性水平检验)

Fig 4.30 Variation in the mean autumn NDVI values of permafrost zone in northeastern China from 1982—2014(Statistical test at 5% significance level)

表 4.26　1982—2014 年东北多年冻土区秋季 NDVI 变化趋势所占像元比例

Table 4.26 Proportions of pixels for the variations trend in mean autumn NDVI of permafrost in northeastern China from 1982 to 2014

NDVI 变化趋势	像元比例
<0	27.39%
0 ~ 0.002	38.76%
0.002 ~ 0.004	31.91%
>0.004	1.94%

表 4.27　1982—2014 年东北多年冻土区秋季 NDVI 变化趋势的 5% 显著性水平所占像元比例

Table 4.27 Proportions of pixels for the 5% significant level of variations trend in mean autumn NDVI of permafrost in northeastern China from 1982 to 2014

显著性	像元比例
显著减少	14.44%
减少（不显著）	12.95%
增加（不显著）	29.73%
显著增加	42.88%

4.4.3　秋季气候因子变化分析

4.4.3.1　秋季气候因子空间分布特征

东北多年冻土区 1982—2014 年间秋季平均气温和总降水量空间分布如图 4.31 所示,研究区秋季平均气温处于 -5.1 ~ 3.1 ℃,大兴安岭北部区域气温较低,为 0 ℃以下,研究区西部与东部小兴安岭地区气温相对较高,大于 0 ℃;研究区秋季总降水量呈现由西南向东北逐渐增加的分布格局,降水量在 38.1 ~ 114.6 mm,研究区西南部典型草原属于半干旱地区,秋季降水较少,东北部区域较湿润,降水量相对较多。

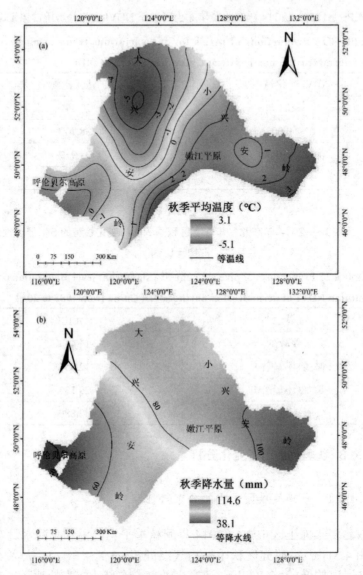

图 4.31 1982—2014 年东北多年冻土区秋季平均气温和总降水量空间分布

Fig 4.31 Spatial patterns of autumn mean air temperature and total precipitation of permafrost zone in northeastern China during 1982 to 2014

4.4.3.2 整个研究区尺度秋季气候因子变化趋势

如图 4.32 所示,秋季平均气温呈现增加趋势,每年增加 0.03 ℃,秋季降水具有降低的趋势,每年减少 0.49 mm,两个气候因子的年际变化均达到显著性水平。

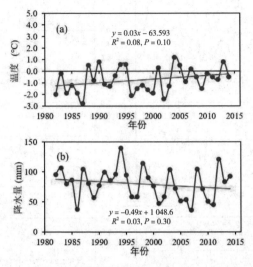

图 4.32　1982—2014 年东北多年冻土区植被秋季平均气温（a）和总降水量（b）年
际变化趋势

Fig 4.32 Trend in spatial average autumn mean air temperature（a）and total precipitation（b）over the entire permafrost zone in northeastern China during the period of 1982 to 2014

4.4.3.3　不同植被类型秋季气候因子变化趋势

不同植被类型区秋季平均气温年际变化如图 4.33 所示，8 种植被类型的气温均呈现增加趋势，其中阔叶林、针阔混交林和农田植被秋季气温显著增加，农田区气温增加幅度最大，为 0.05 ℃/a，其次为阔叶林、针阔混交林和灌木林区域，每年增加 0.04 ℃，草甸、草原和农田区秋季平均气温每年增加 0.03 ℃，针叶林气温增加幅度最小，为 0.02 ℃/a。研究区不同植被类型秋季降水量年际变化趋势如图 4.34 所示，8 种植被类型区域秋季总降水量均表现出减少的趋势，但未达到显著性水平，其中生秋季水量减少幅度最大出现在农田区，每年减少 0.63 mm，其次为阔叶林和沼泽区，为 -0.54 mm/a，灌木林降水量每年减少 0.48 mm，草甸区为 -0.47 mm/a，针叶林区为 -0.46 mm/a，针阔混交林为 -0.39 mm/a，草原区减少幅度最小，为 -0.38 mm/a。

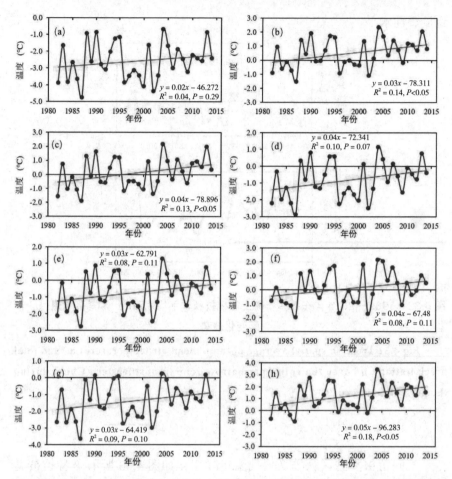

图 4.33　1982—2014 年东北多年冻土区不同植被类型秋季平均气温年际变化趋势
（a. 针叶林；b. 阔叶林；c. 针阔混交林；d. 灌木林；e. 草甸；f. 草原；g. 沼泽；h. 农田）

Fig 4.33 Trend in spatial average autumn mean air temperature of variable vegetation types over the entire permafrost zone in northeastern China during the period of 1982 to 2014（a：Needleleaf forests；b：Broadleaf forests；c：Broadleaf and conifer mixed forests；d：Broadleaf shrubs and woodlands；e：Meadow；f：Steppe；g：Swamp；h：Cultivated）

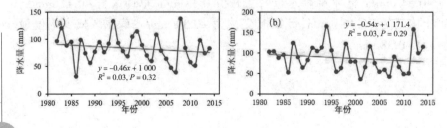

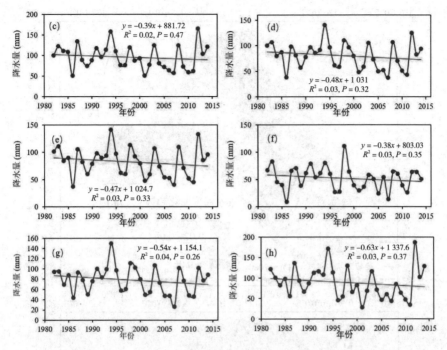

图 4.34 1982—2014 年东北多年冻土区不同植被类型秋季总降水量年际变化趋势
（a. 针叶林；b. 阔叶林；c. 针阔混交林；d. 灌木林；e. 草甸；f. 草原；g. 沼泽；h. 农田）

Fig 4.34 Trend in spatial average autumn total precipitation of variable vegetation types over the entire permafrost zone in northeastern China during the period of 1982 to 2014（a：Needleleaf forests；b：Broadleaf forests；c：Broadleaf and conifer mixed forests；d：Broadleaf shrubs and woodlands；e：Meadow；f：Steppe；g：Swamp；h：Cultivated）

4.4.3.4 空间像元尺度秋季气候因子变化趋势

空间像元尺度秋季气温变化如图 4.35、表 4.28 和表 4.29 所示，全区气温均具有增加的趋势，其中 30.07% 的区域显著增加（$P<0.05$），气温增加幅度最大的区域主要分布在小兴安岭中部地区，且占全区 5.78%。图 4.36、表 4.30 和表 4.31 表示秋季总降水量的变化趋势、显著性以及变化幅度所占的像元比例，全区大部分（99.38%）像元的降水量均呈现减少的趋势，但未通过显著性水平检验，其中减少幅度最大的区域分布在松嫩平原西北部以及小兴安岭中部部分地区，每年减少 9 mm 以上，且占全区像元的 1.71%。

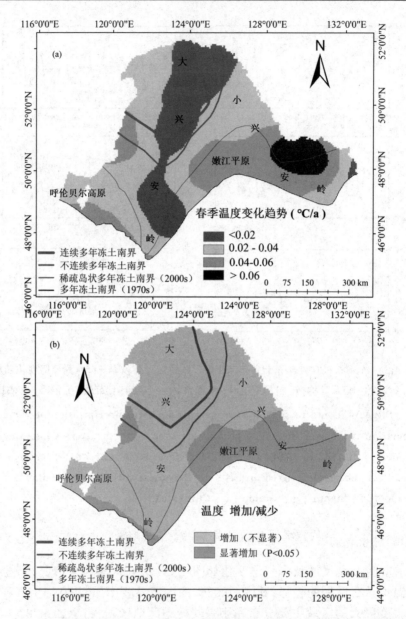

图 4.35 1982—2014 年东北多年冻土区植被秋季平均气温变化趋势（5% 显著性
水平检验）

Fig 4.35 Variation in the mean autumn air temperature of permafrost zone in
northeastern China from 1982 to 2014（Statistical test at 5% significance level）

表 4.28　1982—2014 年东北多年冻土区秋季气温变化趋势所占像元比例

Table 4.28 Proportions of pixels for the variations trend in mean autumn air temperature of permafrost in northeastern China from 1982 to 2014

气温变化趋势	像元比例
0 ~ 0.02	25.67%
0.02 ~ 0.04	46.24%
0.04 ~ 0.06	22.31%
>0.06	5.78%

表 4.29　1982—2014 年东北多年冻土区秋季气温变化趋势的 5% 显著性水平所占像元比例

Table 4.29 Proportions of pixels for the 5% significant level of variations trend in mean autumn air temperature of permafrost in northeastern China from 1982 to 2014

显著性	像元比例
显著减少	—
减少(不显著)	—
增加(不显著)	69.93%
显著增加	30.07%

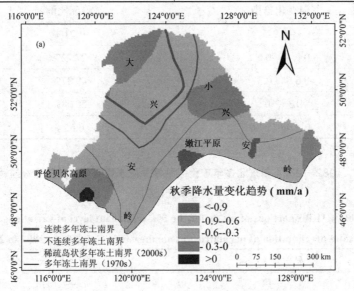

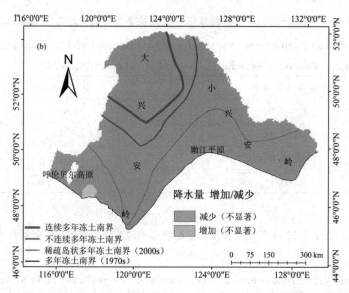

图 4.36 1982—2014 年东北多年冻土区植被秋季总降水量变化趋势(5% 显著性水平检验）

Fig 4.36 Variation in the mean autumn total precipitation of permafrost zone in northeastern China from 1982 to 2014（Statistical test at 5% significance level）

表 4.30 1982—2014 年东北多年冻土区秋季总降水量变化趋势所占像元比例

Table 4.30 Proportions of pixels for the variations trend in autumn total precipitation of permafrost in northeastern China from 1982 to 2014

气温变化趋势	像元比例
<−0.9	1.71%
−0.9 ~ −0.6	27.72%
−0.6 ~ −0.3	49.37%
−0.3 ~ 0	20.58%
>0	0.62%

表 4.31 1982—2014 年东北多年冻土区秋季总降水量变化趋势的 5% 显著性水平所占像元比例

Table 4.31 Proportions of pixels for the 5% significant level of variations trend in autumn total precipitation of permafrost in northeastern China from 1982 to 2014

显著性	像元比例
显著减少	—

续表

显著性	像元比例
减少（不显著）	99.37%
增加（不显著）	0.63%
显著增加	—

4.4.4　秋季 NDVI 的主导气候因子分析

4.4.4.1　不同植被类型区秋季 NDVI 与温度和降水关系

本书分别计算了不同植被类型 NDVI 与气温和降水的相关性。如表 4.32 所示，整个研究区尺度 NDVI 与秋季平均气温表现出不显著弱正相关关系，相关系数为 0.153，而与秋季总降水呈现不显著弱负相关关系，相关系数为 −0.201；针叶林、阔叶林、针阔混交林、灌木林、草甸、沼泽以及农田植被秋季 NDVI 与气温均呈正相关关系，相关系数分别为 0.137、0.106、0.168、0.122、0.104、0.042 和 0.120，而对于草原植被而言，植被秋季 NDVI 与气温具有负相关关系，相关系数达到 −0.320；针叶林、阔叶林、针阔混交林、灌木林、草甸、沼泽和农田植被 NDVI 与夏季降水具有负相关关系，其中针叶林达到了显著性水平（$P<0.05$），相关系数分别为 −0.390、−0.235、−0.195、−0.139、−0.204、−0.219 和 −0.050，草原区植被 NDVI 与降水呈现显著正相关关系（$P<0.05$），相关系数达到 0.375。对于东北多年冻土区而言，秋季 NDVI 和降水之间的相关系数大于 NDVI 和气温之间的相关系数，这在一定程度上表明，秋季降水是植被秋季 NDVI 的主控因子，且随着研究区降水量减少，植被 NDVI 增加。进一步对不同植被类型而言，降水减少，导致针叶林、阔叶林、针阔混交林、灌木林、草甸、沼泽和农田植被生长季 NDVI 增加，而草原区植被因降水减少，植被 NDVI 具有下降趋势。

表 4.32　1982—2014 年东北多年冻土区不同植被类型秋季平均 NDVI 与气候因子相关系数

Table 4.32 Correlation coefficients between mean autumn NDVI and climatic factors among different permafrost types of permafrost in northeastern China from 1982 to 2014

不同植被类型	相关系数	
	秋季 NDVI 与温度	秋季 NDVI 与降水
整个研究区	0.153	−0.201

不同植被类型	相关系数	
	秋季 NDVI 与温度	秋季 NDVI 与降水
针叶林	0.137	−0.390*
阔叶林	0.106	−0.235
针阔混交林	0.168	−0.195
灌木林	0.122	−0.139
草甸	0.104	−0.204
草原	−0.32	0.375*
沼泽	0.042	−0.291
耕地	0.12	−0.05

注：* 表示 5% 显著性水平。

4.4.4.2 空间像元尺度秋季 NDVI 与温度关系

为进一步研究植被秋季平均 NDVI 与气候因子的相关性,本书对植被秋季 NDVI 与气温进行逐像元相关分析。结果如图 4.37、表 4.33 和表 4.34 所示,大部分多年冻土区范围内(66.05%),植被秋季 NDVI 与气温呈正相关关系,其中 3.88% 的像元达到了显著性水平($P<0.05$),研究区 1.55% 的范围 NDVI 与气温相关系数在 0.4 ~ 0.6,主要分布在大兴安岭零星地区以及小兴安岭中部区域。研究区 33.95% 的区域植被 NDVI 与气温具有负相关关系,其中 3.04% 达到了显著性水平($P<0.05$),该区主要集中在呼伦贝尔高原北部区域,气温升高,导致该区域土壤蒸散发强度增大,不利于植被生长。

表 4.33 1982—2014 年东北多年冻土区植被秋季平均 NDVI 与气温相关性系数所占像元比例

Table 4.33 Proportions of pixels for correlations coefficients between the autumn mean NDVI and air temperature of permafrost zone in northeastern China during 1982 to 2014

相关系数	像元比例
−0.6 ~ −0.4	1.50%
−0.4 ~ −0.2	9.10%
−0.2 ~ 0	23.35%
0 ~ 0.2	43.33%
0.2 ~ 0.4	21.17%
0.4 ~ 0.6	1.55%

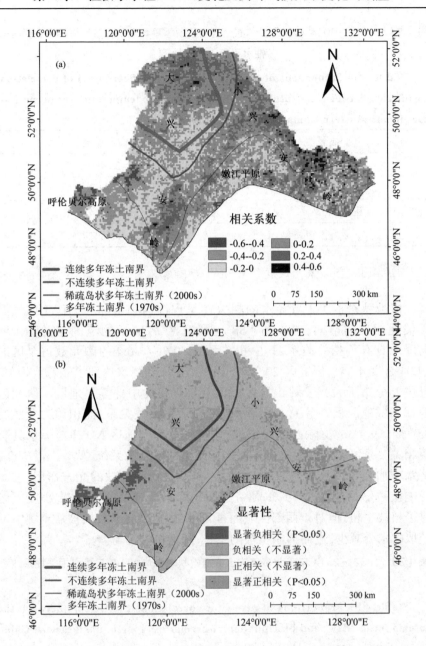

图 4.37　1982—2014 年东北多年冻土区植被秋季平均 NDVI 与气温相关性和显著性空间分布图

Fig 4.37 Correlations and 5% significant level between the autumn mean NDVI and air temperature of permafrost zone in northeastern China during 1982 to 2014

表 4.34　1982—2014 年东北多年冻土区植被秋季平均 NDVI 与气温相关系数显著
性水平所占像元比例

Table 4.34 Proportions of pixels for the 5% significant level of correlations coefficients between the autumn mean NDVI and air temperature of permafrost zone in northeastern China during 1982 to 2014

显著性	像元比例
显著负相关	3.04%
负相关（不显著）	30.91%
正相关（不显著）	62.17%
显著正相关	3.88%

4.4.4.3　空间像元尺度秋季 NDVI 与降水关系

植被秋季 NDVI 与降水的相关性呈现出与植被秋季 NDVI 与气温相关性相反的空间格局（图 4.38）。研究区 74.81% 的范围，植被 NDVI 与降水具有负相关关系，其中相关系数 –0.6 ~ –0.4 的像元数占全区的 14.94%（表 4.35），研究区 23.9% 的区域 NDVI 和降水达到了显著负相关，且主要分布于大兴安岭山脉区域以及小兴安岭中部零星地区。研究区西部零散地区秋季 NDVI 与降水具有显著正相关关系，面积约为全区的 3.07%（表 4.36）。除西部区域外，研究区大部分地区 NDVI 与降水具有负相关关系可能的原因是由于此区域处于寒区生态系统，秋季温度较低，降水增加会导致云覆盖增加，减少太阳辐射，妨碍植被的光合作用，进而影响植被生长，由前文可知，研究区秋季降水量减少，这在一定程度上促进了植被生长，但对于西部区域而言，降水量减少会导致植被从土壤中可获取的水分减少，进而抑制植被的生长，降低植被覆盖。

表 4.35　1982—2014 年东北多年冻土区植被秋季平均 NDVI 与降水相关性系数所
占像元比例

Table 4.35 Proportions of pixels for correlations coefficients between the autumn mean NDVI and precipitation of permafrost zone in northeastern China during 1982 to 2014

相关系数	像元比例
–0.6 ~ –0.4	14.94%
–0.4 ~ –0.2	36.33%
–0.2 ~ 0	23.55%

相关系数	像元比例
0 ~ 0.2	13.23%
0.2 ~ 0.4	10.72%
0.4 ~ 0.6	1.23%

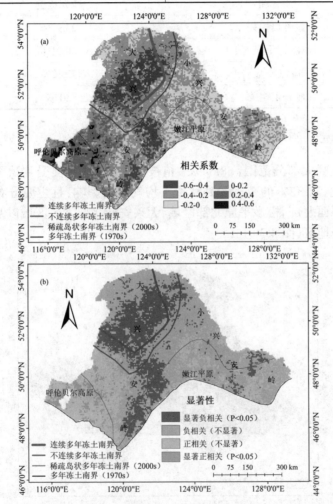

图 4.38　1982—2014 年东北多年冻土区植被秋季平均 NDVI 与降水相关性和显著性空间分布图

Fig 4.38 Correlations and 5% significant level between the autumn mean NDVI and precipitation of permafrost zone in northeastern China during 1982 to 2014

表 4.36 1982—2014 年东北多年冻土区植被秋季平均 NDVI 与降水相关系数显著性水平所占像元比例

Table 4.36 Proportions of pixels for the 5% significant level of correlations coefficients between the autumn mean NDVI and precipitation of permafrost zone in northeastern China during 1982 to 2014

显著性	像元比例
显著负相关	23.90%
负相关（不显著）	50.91%
正相关（不显著）	22.12%
显著正相关	3.07%

4.4.4.4 温度与降水量对秋季 NDVI 相对重要性

研究区大部分范围（68.68%），植被秋季 NDVI 主要受到秋季总降水量的控制，31.32% 的范围受到秋季平均气温的影响，且主要分布在呼伦贝尔高原西北部、松嫩平原北部区域、大兴安岭北部零星区域以及小兴安岭大部分地区（图 4.39）。

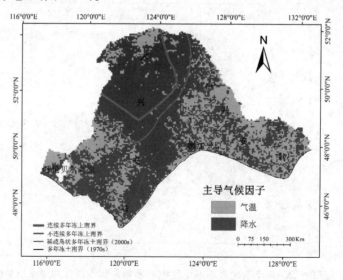

图 4.39 1982—2014 年东北多年冻土区植被秋季平均 NDVI 主导气候因子

Fig 4.39 Dominated factor of autumn NDVI in permafrost zone in northeastern China during 1982 to 2014

4.4.5　讨论

本书研究结果表明,1982—2014 年东北多年冻土区植被秋季 NDVI 具有显著增加趋势。Piao 等(2006)研究表明,中国植被秋季 NDVI 整体上呈现增加的趋势,与本书研究结果大体一致。秋季植被动态变化与气候因子关系密切,在整个研究区尺度,秋季 NDVI 与秋季总降水量表现出较强且显著的负相关关系,暗示了对于整个东北多年冻土区而言,植被秋季 NDVI 主要受到降水的影响,降水是该区植被秋季生长的主控因子。本书区处于寒区生态系统,秋季平均气温较低,秋季降水减少有助于减少有云天气的发生,增加植被生长所必需的太阳辐射,进一步促进了植被的生长。研究区西部典型草原区域植被 NDVI 与降水具有显著正相关关系,该区降水增加会促进植被的生长。

4.5　本章小结

本书使用一元线性回归方法以及相关分析方法研究了植被季节性 NDVI 的变化趋势及其对气候因子变化的响应。主要结论如下:1982—2014 年东北多年冻土区植被春季平均 NDVI 具有显著增加趋势,通过相关分析得出春季温度是春季 NDVI 变化的主导因子,春季温度增加,有利于植被覆盖增加;植被夏季平均 NDVI 具有极显著增加趋势,通过相关分析得出夏季温度是夏季 NDVI 变化的主控因子,夏季温度升高,促进植被生长,局部地区如呼伦贝尔高原典型草原区域,该区属于半干旱地区,植被的生长主要受降水的控制;植被秋季 NDVI 具有显著增加趋势,通过相关分析得出秋季植被的生长主要受到秋季降水的控制,秋季降水量减少,有利于该区植被生长。

第 5 章　植被物候变化及其对气候因子变化的响应

　　全球气候变化背景下,北半球尤其是中高纬度地区温度增加明显,植被的生长与气候因子关系密切。研究表明,温度是北半球中高纬度地区植被生长的重要影响因子,因此植被物候研究尤为重要,且已成为全球气候变化研究中的热点问题。本书着重研究植被三个主要物候参数即生长季始期(the start of the growing season, SOS)、生长季末期(the end of the growing season, EOS)以及生长季长度(the length of the growing season, LOS)的变化特征。本书中涉及的物候参数与传统的野外定点观测某一植物所获取的生长始期和末期的日期不同,本书中的物候参数监测属于基于遥感手段大尺度意义上的植被物候 SOS、EOS 和 LOS,由于大尺度范围内植被受气温和降水的影响各异,导致不同植被甚至相同植被类型的 SOS 和 EOS 不尽相同,只有当地表植被的生长达到一定程度时才能被遥感卫星的传感器所摄取,因此本书中的植被物候参数仅是针对遥感监测而言。植被物候参数的研究不仅可以加深我们对气候变化对陆地生态系统影响的理解,同时也可以提高我们对于陆地生态系统 NPP 以及碳循环过程的认识。本书基于 1982—2014 年的 GIMMS NDVI3g 数据集,应用一元线性回归方法以及相关分析方法研究东北多年冻土区植被物候的时空变化特征及其对气候变化的响应,这对进一步深化理解植被物候变化对气候因子的响应机制具有重要意义。

5.1　数据预处理

5.1.1 NDVI 数据

GIMMS NDVI3g 数据集时间分辨率 15 d,一年共有 24 景影像,空间分辨率为 0.083°（8 km），该数据已经进行了几何校正、辐射校正以及大气校正，并经过最大值合成（Maximum Value Composite，MVC）算法尽可能减少传感器、大气以及太阳高度角对于数据质量的影响。该数据集来源于 ECOCAST 网站 https：//ecocast.arc.nasa.gov/data/pub/gimms/3g.v1/，初始下载的数据为“.nc4”格式，此文件不能直接使用 ArcGIS 或 ENVI 打开，需要转化成 GEOTIFF 格式才能进行进一步分析处理。本书使用 R 语言软件对下载的数据集进行格式转换（代码见 2.2.1）。将转换后的 GEOTIFF 文件乘以 0.000 1 后可得到 NDVI 值。

　　理论上，植被冠层随时间变化幅度较小，植被的 NDVI 值曲线应该是一条连续且平滑的曲线，然而由于大气云层干扰、数据传输过程产生的误差、二向性反射以及地表冰雪等因素影响，使得 NDVI 曲线中会出现明显的突变。尽管 NDVI 时间序列数据采集过程中应用 MVC 方法以及云层检测算法进行处理，但其产品中仍然存在较大的误差，可能会导致曲线季节性变化不显著，妨碍数据的进一步分析，甚至会导致错误的结论（Bian 等，2010）。因此在对 NDVI 数据进行进一步处理前，有必要对 NDVI 数据进行平滑处理，即对 NDVI 数据曲线进行重建，以最大程度地减少各种因素的影响。本书采用的是 Savitzky-Golay 滤波方法对 NDVI 时间序列产品进行重建。已有研究表明，Savitzky-Golay 滤波方法对植被 NDVI 曲线平滑具有较好特性（卫炜 等，2014；杨永民 等，2012；任建强 等，2006）。

　　Savitzky-Golay 滤波是 Savitzky 和 Golay 在 1964 年提出的一种基于最小二乘法的卷积拟合算法，该方法有两种假设，即遥感方法获取的每一个像元 NDVI 时间序列必须能够反映植被季节生长变化以及植被 NDVI 值受到大气云层等因素的影响会降低其原始值。Savitzky-Golay 滤波方法的原理是将整个 NDVI 时间序列数据根据其质量将其分为“真点、假点”两类，并划分为有限个窗口，通过选取合适的平滑窗口以及拟合多项式次数，在窗口内进行最小二乘多项式拟合，每个 NDVI 值用它本身和其周围窗口内的 NDVI 值进行线性组合，并通过局部迭代方法使“假点”值被滤波值替代。Savitzky-Golay 滤波计算公式为

$$Y_j^* = \frac{\sum\limits_{i=-m}^{i=m} C_i Y_{j+1}}{N} \tag{5.1}$$

　　式中，Y 为原始 NDVI 值，Y_j^* 为平滑后 NDVI 值，C_i 是第 i 个 NDVI 值的系数，N 是平滑窗口大小，m 是平滑窗口的半波宽度。滑动窗口大

小的设定直接影响滤波效果，m 值太小可能会出现过度拟合，导致植被生长的时间序列趋势信息不能够有效地提取，m 值过大会忽略掉 NDVI 曲线的局部特征。经过多次试验，本书将 m 定义为 5，d（拟合多项式次数）定义为 4。本书使用的 GIMMS NDVI3g 数据集一年有 24 景影像，为了能够使一年中每一景 NDVI 时间序列都能够进行 Savitzky-Golay 滤波平滑，本书将每年的 24 景影像向前一年和向后一年各延伸 5 景，每一年总共获得 34 个波段的 NDVI 影像。

本书进一步地采用 Berk（2006）提出的 Double Logistic 函数对经过 Savitzky-Golay 滤波处理后的 NDVI 时间序列曲线进行拟合，提取相应的物候参数。相关研究表明，Double logistic 函数模型适用于较高纬度的植被 NDVI 曲线拟合，本书区属于我国高纬度地区，适用该模型。Double logistic 函数公式为：

$$NDVI_t = NDVI_{min} + NDVI_{diff} \cdot \left(\left(\frac{1}{1+\exp\left(r_i\left(SOS-t\right)\right)} \right) + \left(\frac{1}{1+\exp\left(r_d\left(EOS-t\right)\right)} \right) - 1 \right)$$

（5.2）

式中，$NDVI_{min}$ 和 $NDVI_{diff}$ 分别为年 NDVI 最小值和年 NDVI 差值，r_i 和 r_d 分别为图 5.1（b）中所示的 NDVI 在左右两拐点的最大变化率，SOG 和 EOG 为理论上的 SOS 和 EOS。

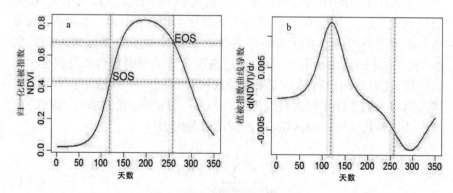

图 5.1　物候参数提取

Fig. 5.1 Extraction of phenological parameters

提取物候参数的具体步骤为：首先用公式 5.2 所示的 Double Logistic

函数对经过滤波后的时间序列数据进行拟合,然后对该函数进行求导,将 NDVI 变化率最大的点定义为 SOS,将 Double Logistic 函数曲线在下降过程中 NDVI 值达到年 NDVI 整体增幅的 80% $\left[\, 0.8*\left(\, NDVI_{\min}+NDVI_{diff}\,\right)\,\right]$ 所对应的日期定义为 EOS,LOS 即为 EOS 与 SOS 的差值。本书利用 R 语言采用上述方法提取植被物候参数,具体 R 语言代码处理过程如下(以提取 2000 年植被物候参数为例):

```
#-- 加载程序包 --#
library ( sp )
library ( raster )
library ( rgdal )
library ( rootSolve )
library ( minpack.lm )
library ( pracma )
library ( zoo )
#-- 设置工作路径 --#
setwd ( 'E : \\data\\gimms\\2000' )
fl <- list.files ( )
r <- brick ( fl[1] )
#-- 生成四个行列数与要处理数据行列数相同的矩阵 --#
sea_sos <- matrix ( 0, nrow=nrow ( r ), ncol=ncol ( r ))
sea_eos <- matrix ( 0, nrow=nrow ( r ), ncol=ncol ( r ))
sea_los <- matrix ( 0, nrow=nrow ( r ), ncol=ncol ( r ))
#-- 构建函数,进行 double logistic 函数拟合 --#
logistic <- function ( params, x ){
mi+dif* (( 1/ ( 1+exp ( params[1]* ( params[2]-x )))) + ( 1/ ( 1+exp
( params[3]* ( params[4]-x )))) -1 )
}
#-- 定义求导函数 --#
D=function ( f, delta=0.001 ){
function ( x ){( f ( x+delta ) -f ( x ))/delta}
}
start.time <- Sys.time ( )
fun <- function ( y ){
num <- length ( na.omit ( y ))
if ( num < 2 ){
```

```
e <- c（NA, NA, NA, NA）
return（e）
}
y <- na.approx（y, rule = 2）#-- 将 NDVI 时间序列中 NA 值利用线
性方法进行插补 --#
#-- 进行 Savitzky-Golay 滤波（该过程重复四次）--#
for（i in 1:4）{
sg <- savgol（y, 11, forder =4, dorder = 0）
aa <- y
bb <- sg
qqq <-（aa >= bb）
qqq <- as.numeric（qqq）
ppp <-（aa < bb）
ppp <- as.numeric（ppp）
ee <- qqq*（y）+ppp*（sg）
y <- ee
}
y <- as.array（year$y）
ma <- max（y）
mi <- min（y）
dif <- ma-mi
x=1:365
#-- 进行 double logistic 函数拟合 --#
res <- tryCatch（nlsLM（y~（mi+dif*（（1/（1+exp（a*（b-x））））+（1/
（1+exp（m*（n-x））））-1）), start=list（a=0.038 69, b=152.039 34 , m=-
0.058 65, n=280.249 02）), error=function（e）NULL）
if（is.null（res））{
e <- c（NA, NA, NA, NA）
return（e）
} else {
params=coef（res）
}
g <- function（x）{
mi+dif*（（1/（1+exp（params[1]*（params[2]-x））））+（1/（1+exp
（params[3]*（params[4]-x））））-1）-（0.8*dif+min（y））
```

```
}
#-- 求取 EOS--#
all_2 <- uniroot.all（g, c（1, 365））
f <- function（x）{
mi+dif*（（1/（1+exp（params[1]*（params[2]-x））））+（1/（1+exp
（params[3]*（params[4]-x））））-1）
}
tux <- D（f）
qs <- curve（tux, from=1, to=224, col='red'）
qs <- approx（qs$x, qs$y, method="linear", n=224）
qv <- qs$y
#-- 求取 SOS--#
qma <- which（qv==max（qv））
#-- 定义 LOS--#
leng <- all_2[2]-qma
ret_v <- c（qma, all_2[2], leng）
}
for（i in 1: nrow（r））{
sub_row <- getValues（r, row=i）
sub_row <- as.matrix（sub_row）
sgv <- sub_row
daxi <- apply（sgv, 1, fun）
sea_sos[i, ] <- daxi[1, ]
sea_eos[i, ] <- daxi[2, ]
sea_los[i, ] <- daxi[3, ]
}
#-- 设置工作进度 --#
end.time <- Sys.time（）
time.taken <- end.time-start.time
time.taken
a <- sea_sos
b <- sea_eos
d <- sea_los
#-- 设置参考影像 --#
cankao <- brick（"E: \\data\\gimms\\2000\\ck.tif"）
```

```
rl <- raster（nrows = nrow（r），ncols = ncol（r））
projection（rl）<-projection（cankao）
extent（rl）<-extent（cankao）
x <- rl
#-- 写出最终结果 --#
x <- setValues（x, a）
plot（x）
wri_r <- writeRaster（x, filename=" E：\\data\\gimms\\2000_sos.tif"，
format="GTiff"，overwrite=TRUE）
x <- setValues（x, b）
plot（x）
wri_r <- writeRaster（x, filename=" E：\\data\\gimms\\2000_eos.tif"，
format="GTiff"，overwrite=TRUE）
x <- setValues（x, d）
plot（x）
wri_r <- writeRaster（x, filename=" E：\\data\\gimms\\2000_los.tif"，
format="GTiff"，overwrite=TRUE）
```

5.1.2 气候数据

一些研究表明,气候因子对于植被物候的影响存在 2 ~ 3 个月的滞后效应,因此本书分析植被物候参数对气候因子变化的响应时,分别分析了前一年冬季(12—2 月)气候因子和当年春季(3—5 月)气候因子对植被 SOS 的影响,当年夏季(6—8 月)气候因子和当年秋季(9—11 月)气候因子对植被 EOS 影响,前一年冬季气候因子、春季气候因子、夏季气候因子、秋季气候因子对植被 LOS 的影响。本书将气象站点月气温和降水量数据基于 ArcGIS 软件利用协同克里格方法插值成空间分辨率为0.083°的月栅格数据,然后分别求取各季节平均气温以及总降水量,用于后续的植被物候参数与气候因子关系研究。

5.2   物候生长季始期变化趋势及其对气候因子变化响应

5.2.1   生长季始期空间分布特征

从图 5.2 和表 5.1 得出，SOS 多年平均值主要分布在第 120 ~ 140 d，本书区 33 年来整体的均值为第 129.1 d。研究区 SOS 处于 120 ~ 125 d 之间的像元数占全区的 18.40%，主要分布于大兴安岭北部以及小兴安岭南部地区。SOS 处于 125 ~ 130 d 的像元数占全区的 43.31%，主要分布在大兴安岭以及小兴安岭地区。SOS 在 130 ~ 135 d 的像元数占全区的 22.33%，主要分布在研究区西部草原与森林过渡带以及大兴安岭与小兴安岭之间地带，SOS 在 135 ~ 140 d 的像元数占全区的 14.02%，主要集中在研究区西部和松嫩平原北部地区。

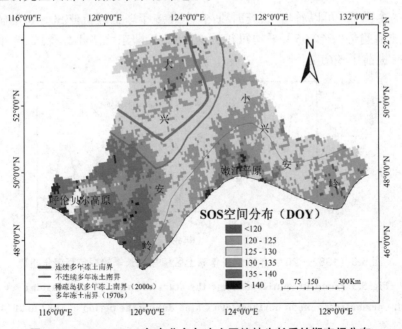

图 5.2   1982—2014 年东北多年冻土区植被生长季始期空间分布

Fig 5.2 Spatial distribution of the start of the growing season of permafrost zone in northeastern China during the period of 1982 to 2014

表 5.1　1982—2014 年东北多年冻土区不同生长季始期所占像元比例

Table 5.1 Proportions of pixels for the different the start of the growing season of permafrost in northeastern China from 1982 to 2014

SOS	像元比例
<120	1.02%
120 ~ 125	18.40%
125 ~ 130	43.31%
130 ~ 135	22.33%
135 ~ 140	14.02%
>140	0.92%

5.2.2　生长季始期变化趋势

5.2.2.1　整个研究区生长季始期变化趋势

由图 5.3 可以看出,研究时段内,东北多年冻土区植被 SOS 表现显著的提前趋势($P<0.05$),平均每年提前 0.17 d,即东北多年冻土区 33 年内 SOS 提前了 5.61 d。

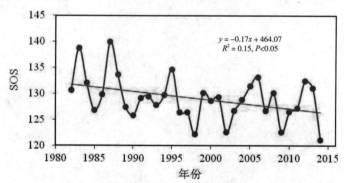

图 5.3　1982—2014 年东北多年冻土区植被生长季始期年际变化趋势

Fig 5.3 Trend in spatial average the start of the growing season over the entire permafrost zone in northeastern China during the period of 1982 to 2014

5.2.2.2　不同植被类型生长季始期变化趋势

研究区不同植被类型 SOS 年际变化如图 5.4 所示,研究区所有植被类型 SOS 具有提前的趋势,其中草甸、草原以及沼泽植被 SOS 提前趋势显著（$P<0.05$）。植被 SOS 年提前幅度依次为草原（0.27 d/a）> 针叶林、草甸和沼泽（0.17 d/a）> 阔叶林（0.15 d/a）> 灌木林（0.11 d/a）> 针阔混交林（0.10 d/a）> 农田（0.01 d/a）。

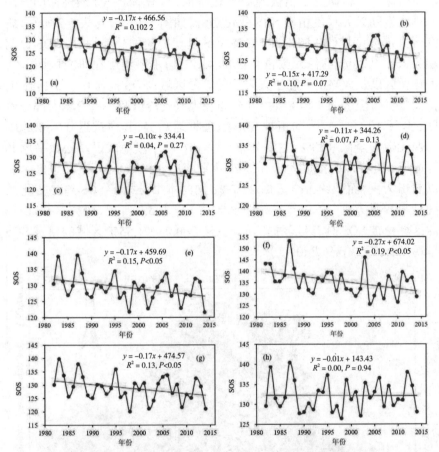

图 5.4　1982—2014 年东北多年冻土区不同植被类型生长季始期年际变化趋势（a. 针叶林；b. 阔叶林；c. 针阔混交林；d. 灌木林；e. 草甸；f. 草原；g. 沼泽；h. 农田）

Fig 5.4 Trend in spatial average the start of the growing season of variable vegetation types over the entire permafrost zone in northeastern China during the period of 1982 to 2014（a：Needleleaf forests；b：Broadleaf forests；c：Broadleaf and conifer mixed forests；d：Broadleaf shrubs and woodlands；e：Meadow；f：Steppe；g：Swamp；h：Cultivated）

5.2.2.3 空间像元尺度生长季始期变化趋势

为深入分析研究区植被 SOS 变化特征,本书基于一元线性回归方法计算了空间像元尺度植被 SOS 变化趋势,如图 5.5(a)与表 5.2 所示,研究区大部分区域(89.60%)的植被 SOS 呈现提前的趋势,其中 SOS 提前趋势大于 0.2 d/a 的像元数占全区的 42.21%,主要集中在研究区西部典型草原区以及大兴安岭和小兴安岭的零散区域;SOS 提前 0 ~ 0.2 d/a 的像元数量占全区的 47.40%,主要分布在大兴安岭以及小兴安岭大部分地区;全区 10.40% 的范围植被 SOS 呈现推迟趋势,其中推迟 0 ~ 0.2 d/a 的像元数占全区 8.33%,主要分布在小兴安岭零星地区以及松嫩平原北部区域;植被 SOS 推迟大于 0.2 d/a 主要集中在松嫩平原北部,该区主要以农田为主,面积约占全区的 2.07%;同时本书分析了 SOS 趋势变化的统计显著性水平(P=0.05),如图 5.5(b)与表 5.3 所示,研究区 34.05% 的区域植被 SOS 具有显著提前的趋势(P<0.05),1.55% 区域的植被 SOS 呈现显著推迟趋势(P<0.05)。

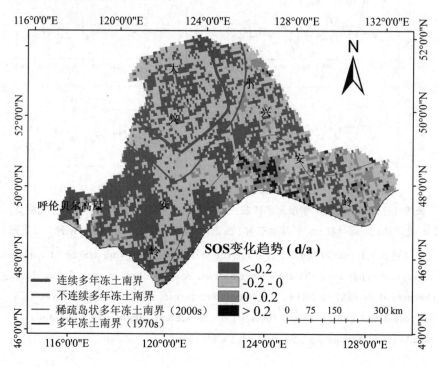

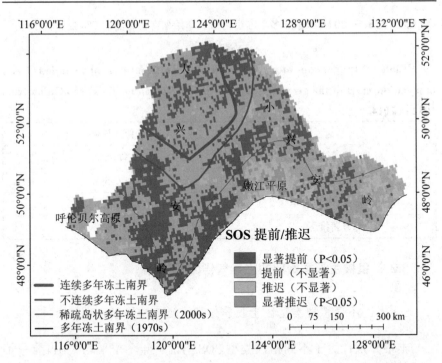

图 5.5　1982—2014 年东北多年冻土区植被生长季始期变化趋势（5% 显著性水平检验）

Fig 5.5 Variation in the mean the start of the growing season of permafrost zone in northeastern China from 1982 to 2014（Statistical test at 5% significance level）

表 5.2　1982—2014 年东北多年冻土区生长季始期变化趋势所占像元比例

Table 5.2 Proportions of pixels for the variations trend in mean the start of the growing season of permafrost in northeastern China from 1982 to 2014

SOS 变化趋势	像元比例
<-0.2	42.20%
-0.2 ~ 0	47.40%
0 ~ 0.2	8.33%
>0.2	2.07%

表 5.3　1982—2014 年东北多年冻土区生长季始期变化趋势的 5% 显著性水平所
占像元比例

Table 5.3 Proportions of pixels for the 5% significant level of variations trend
in mean the start of the growing season of permafrost in northeastern China from
1982 to 2014

显著性	像元比例
显著提前	34.05%
提前(不显著)	55.55%
推迟(不显著)	8.85%
显著推迟	1.55%

5.2.3　植被生长季始期的主导气候因子分析

5.2.3.1　不同植被类型区生长季始期与温度和降水关系

本书分别计算了不同植被类型 SOS 与前一年冬季平均气温、前一年
冬季总降水量、春季平均气温以及春季总降水量的相关性。如表 5.4 所示，
针对整个研究区而言，植被 SOS 与春季平均气温以及前一年冬季降水量
呈现负显著相关关系，其中与气温相关性达到了极显著水平（$P<0.01$），
相关系数分为 –0.661 和 –0.376；而植被 SOS 与前一年冬季气温以及春
季降水量相关性不显著。针叶林、阔叶林、针阔混交林、灌木林、草甸、沼
泽以及农田植被 SOS 与春季平均气温均呈极显著负相关关系（$P<0.01$），
相关系数分别为 0.660、0.690、0.638、0.615、0.673、0.666 和 0.548，而对于
草原植被而言，植被 SOS 与春季气温相关性不显著，但与春季降水呈现
极显著负相关关系（$r=-0.531$），即春季降水量增加，会导致该区植被 SOS
提前；灌木林、草甸、草原和沼泽植被 SOS 与前一年冬季降水具有显著负
相关关系（$P<0.05$），相关系数分别为 –0.344、–0.344、–0.377 和 –0.386；
针叶林、阔叶林、针阔混交林、灌木林以及农田植被 SOS 与前一年冬季气
温、前一年冬季降水以及春季降水相关性不显著。研究结果在一定程度
上表明，对于东北多年冻土区而言，春季气温和前一年冬季降水量是植被
SOS 的主控因子，气温升高，降水量增加均会导致植被 SOS 提前。进一步
对不同植被类型而言，针叶林、阔叶林、针阔混交林灌木林以及农田植被
SOS 主要受春季气温影响显著，而以草甸、草原和沼泽为主的植被 SOS 除
受到春季气温的影响，还与降水量关系密切。

表 5.4　1982—2014 年东北多年冻土区不同植被类型生长季始期与气候因子相关系数

Table 5.4 Correlation coefficients between mean the start of the growing season and climatic factors among different permafrost types of permafrost in northeastern China from 1982 to 2014

不同植被类型	生长季始期与气温		生长季始期与降水	
	前一年冬季气温	春季气温	前一年冬季降水	春季降水
整个研究区	−0.174	−0.661**	−0.376*	−0.059
针叶林	−0.123	−0.660**	−0.27	0.095
阔叶林	−0.196	−0.690**	−0.277	0
针阔混交林	−0.157	−0.638**	−0.189	0.135
灌木林	−0.237	−0.615**	−0.341	−0.007
草甸	−0.175	−0.673**	−0.344	−0.035
草原	0.043	−0.109	−0.337	−0.531**
沼泽	−0.15	−0.666**	−0.386*	0.012
耕地	−0.328	−0.548**	−0.201	−0.043

注：* 表示 5% 显著性水平；** 表示 1% 显著性水平。

5.2.3.2　空间像元尺度生长季始期与温度关系

为进一步研究 SOS 与气候因子的相关性，本书对植被 SOS 与前一年冬季气温和春季气温进行逐像元相关分析。结果如图 5.6、表 5.5 和表 5.6 所示，大部分多年冻土区范围内（93.83%），植被 SOS 与春季气温呈负相关关系，其中 76.24% 的像元达到了显著性水平（$P<0.05$），研究区 21.48% 的范围 SOS 与春季气温相关系数达到 0.6 以上，49.51% 的区域两者之间相关系数在 −0.6 ~ −0.4，这些较强负相关系数主要分布在以森林植被覆盖类型为主的大兴安岭以及小兴安岭区域。研究区 6.17% 的区域植被 SOS 与春季气温具有正相关关系，未达到显著性水平，该区主要集中在呼伦贝尔高原西南部，气温升高，导致该区 SOS 推迟。植被 SOS 与前一年冬季气温在研究区大部分范围内未见明显相关关系，大兴安岭南部零星地区以及松嫩平原部分地区植被 SOS 与前一年冬季气温呈显著负相关（$P<0.05$），但面积仅占研究区的 2.73%。

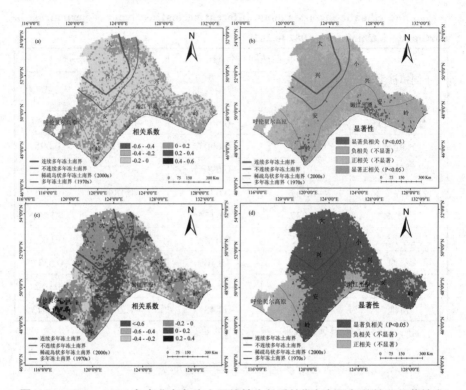

图 5.6　1982—2014 年东北多年冻土区植被生长季始期与气温相关性和显著性空间分布图(a. SOS 与前一年冬季平均气温相关性；b. SOS 与前一年冬季平均气温相关性的显著性水平；c. SOS 与春季平均气温相关性；d. SOS 与春季平均气温相关性的显著性水平）

　　Fig 5.6 Correlations and 5% significant level between the start of the growing season and air temperature of permafrost zone in northeastern China during 1982 to 2014（a：correlation between SOS and previous winter mean air temperature；b：5% significant level of correlation between SOS and previous winter mean air temperature；c：correlation between SOS and spring mean air temperature；d：5% significant level of correlation between SOS and spring mean air temperature）

表 5.5　1982—2014 年东北多年冻土区植被生长季始期与气温相关性系数所占像元比例

Table 5.5 Proportions of pixels for correlations coefficients between the start of the growing season and air temperature of permafrost zone in northeastern China during 1982 to 2014

相关系数	像元比例	
	前一年冬季气温	春季气温
−0.6 ~ −0.4	0.96%	21.48%
−0.4 ~ −0.2	19.59%	49.51%
−0.2 ~ −0	54.66%	14.45%
0 ~ 0.2	22.54%	8.40%
0.2 ~ 0.4	2.23%	4.95%
0.4 ~ 0.6	0.03%	1.22%

表 5.6　1982—2014 年东北多年冻土区植被生长季始期与气温相关系数显著性水平所占像元比例

Table 5.6 Proportions of pixels for the 5% significant level of correlations coefficients between the start of the growing season and air temperature of permafrost zone in northeastern China during 1982 to 2014

显著性	像元比例	
	前一年冬季气温	春季气温
显著负相关	2.73%	76.24%
负相关(不显著)	72.48%	17.59%
正相关(不显著)	24.52%	6.17%
显著正相关	0.27%	—

5.2.3.3　空间像元尺度生长季始期与降水量关系

植被 SOS 与前一年冬季降水和春季降水的相关性如图 5.7、表 5.7 和表 5.8 所示,研究区 88.65% 的范围,植被 SOS 与前一年冬季降水具有负相关关系,其中相关系数在 −0.6 ~ −0.4 和 −0.4 ~ −0.2 的像元数分别占全区的 6.73% 和 48.35%,显著负相关系数(14.85%)主要分布于研究区西部典型草原区东部地区、大兴安岭西北角部分地区、大兴安岭与小兴安岭之间区域以及松嫩平原西部地区。研究区西部典型草原区域以及松嫩平原北部大部分地区,植被 SOS 与春季降水呈负相关关系,面积约为全区的 42.89%,其中呼伦贝尔高原西部区域达到了显著性水平,面积约占全区 10.13%。研究区一半以上(57.11%)的区域植被 SOS 与春季降水呈现不显著的正相关关系,这些区域主要集中在以森林为主的大小兴安岭的大部分地区。

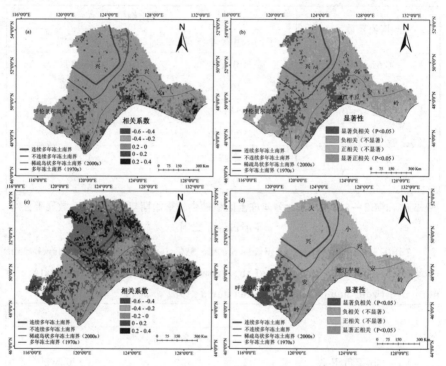

图 5.7　1982—2014 年东北多年冻土区植被生长季始期与降水相关性和显著性空间分布图(a. SOS 与前一年冬季总降水相关性;b. SOS 与前一年冬季总降水相关性的显著性水平;c. SOS 与春季总降水相关性;d. SOS 与春季降水相关性的显著性水平)

Fig 5.7 Correlations and 5% significant level between the start of the growing season and precipitation of permafrost zone in northeastern China during 1982 to 2014(a : correlation between SOS and previous winter total precipitation ; b : 5% significant level of correlation between SOS and previous winter total precipitation ; c : correlation between SOS and spring total precipitation ; d : 5% significant level of correlation between SOS and spring total precipitation)

表 5.7　1982—2014 年东北多年冻土区植被生长季始期与降水相关性系数所占像元比例

Table 5.7 Proportions of pixels for correlations coefficients between the start of the growing season and precipitation of permafrost zone in northeastern China during 1982 to 2014

相关系数	像元比例	
	前一年冬季降水	春季降水
−0.6 ~ −0.4	6.73%	6.32%
−0.4 ~ −0.2	48.35%	13.11%
−0.2 ~ 0	33.56%	23.45%
0 ~ 0.2	9.98%	45.15%
0.2 ~ 0.4	1.37%	11.97%

表 5.8　1982—2014 年东北多年冻土区植被生长季始期与降水相关系数显著性水平所占像元比例

Table 5.8 Proportions of pixels for the 5% significant level of correlations coefficients between the start of the growing season and precipitation of permafrost zone in northeastern China during 1982 to 2014

显著性	像元比例	
	前一年冬季降水	春季降水
显著负相关	14.85%	10.13%
负相关(不显著)	73.80%	32.76%
正相关(不显著)	11.17%	56.71%
显著正相关	0.18%	0.40%

5.2.3.4　温度与降水量对植被生长季始期相对重要性

为进一步探求气温和降水对植被生长季始期的相对影响,本书比较了 SOS 与气温和降水相关性系数的大小,如图 5.8 所示,研究区 78.13% 的范围植被 SOS 主要受到春季气温的影响;11.97% 的像元植被 SOS 受到春季降水的影响,且主要分布在研究区西部,即呼伦贝尔高原大部分地区;7.80% 的区域植被 SOS 受到前一年冬季降水的影响,这些区域主要分布在研究区西部草原与森林过渡带地区以及以农田为主要植被类型的松嫩平原西北部地区。

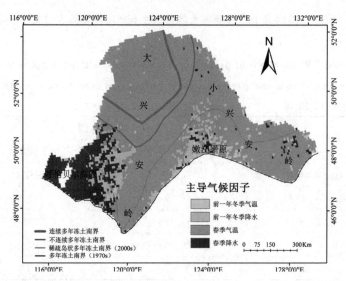

图 5.8　1982—2014 年东北多年冻土区植被生长季始期主导气候因子

Fig 5.8 Dominated climate factors of the start of the growing season in permafrost zone in northeastern China during 1982 to 2014

5.2.4　讨论

本书结果表明,1982—2014 年东北多年冻土区植被生长季始期呈现显著提前趋势。许多学者对北半球陆地植被生长季始期进行研究,结果表明,植被生长季始期普遍提前(Wang 等,2016;Zhang 等,2013;Jeong 等,2011;Julien 和 Sobrino,2009;Stöckli 和 Vidale,2004)。 如 Myneni 等(1997)研究了北半球 1982—1991 年陆地植被物候生长季始期的变化趋势,结果表明,北半球整体上物候生长季始期提前了 8 d。Piao 等(2010)利用 GIMMS NDVI 数据集分析了中国北部温带植被物候生长季始期的变化特征,结果表明,我国温带植被生长季始期呈现提前趋势。Jeganathan 等(2014)研究结果表明,北纬 45° 以北地区陆地植被生长季始期具有提前趋势,每年提前 0.58 d,以上学者研究结论与本书研究结果大体一致。Wu 和 Liu(2013)研究表明,中国温带植被生长季始期的提前主要受到温度的控制,本书研究结果显示,东北多年冻土区植被生长季始期主要受到春季气温的控制,即春季气温增加,导致植被物候生长季始期具有提前的趋势。此外国志兴等(2010)结合 1982—2003 年 GIMMS NDVI 和气候因子数据研究了东北地区植被物候变化特征,结果表明,物候始期提前主要受到温度影响。在与前人研究结果对比中发现,尽管植被生长季始期提前或推迟的区域大体一致,但不同研究学者的提前或推迟的幅度不尽相同,主要是由于所使用的 NDVI 数据集以及应用的物候参数的提取方法的不同,从而导致了多样的研究结果。

5.3　物候生长季末期变化趋势及其对气候因子变化响应

5.3.1　生长季末期空间分布特征

从图 5.9 和表 5.9 得出,EOS 多年平均值主要集中在第 245 ~ 265 d,本书区 33 年来整体的均值为第 253.0 d。研究区 EOS 处于 245 ~ 250 d 之间的像元数占全区的 15.49%,主要分布在西部草原与森林过渡带以及小兴安岭北部部分地区;EOS 处于 250 ~ 255 d 的像元数占全区的 61.47%,主要分布在大兴安岭以及小兴安岭地区;EOS 在 255 ~ 260 d 的像元数占全区的 18.74%,EOS 在 260 ~ 265 d 的像元数占全区的 3.27%,主要集中在呼伦贝尔高原西南部区域。

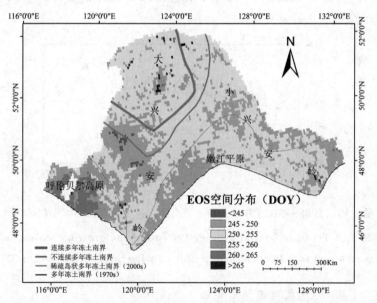

图 5.9　1982—2014 年东北多年冻土区植被生长季末期空间分布

Fig 5.9 Spatial distribution of the end of the growing season of permafrost zone in northeastern China during the period of 1982 to 2014

表 5.9 1982—2014 年东北多年冻土区不同生长季末期所占像元比例

Table 5.9 Proportions of pixels for the different the end of the growing season
of permafrost in northeastern China from 1982 to 2014

EOS	像元比例
<245	0.50%
245 ~ 250	15.49%
250 ~ 255	61.47%
255 ~ 260	18.74%
260 ~ 265	3.27%
>265	0.53%

5.3.2 生长季末期变化趋势

5.3.2.1 整个研究区生长季末期变化趋势

由图 5.10 可以看出,研究时段内,东北多年冻土区植被 EOS 表现显著推迟的趋势($P<0.05$),平均每年推迟 0.15 d,即东北多年冻土区 33 年内 EOS 推迟了 4.95 d。

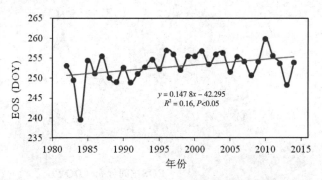

图 5.10 1982—2014 年东北多年冻土区植被生长季末期年际变化趋势

Fig 5.10 Trend in spatial average the end of the growing season over the
entire permafrost zone in northeastern China during the period of 1982 to 2014

5.3.2.2 不同植被类型生长季末期变化趋势

研究区不同植被类型 EOS 年际变化如图 5.11 所示,研究区除草原植被外的其他植被类型 EOS 均具有显著推迟的趋势,其中阔叶林、草甸以及农田植被 EOS 推迟达到了极显著水平（ $P<0.01$ ）。植被 EOS 年推迟幅度依次为农田（ 0.30 d/a ）> 阔叶林和针阔混交林（ 0.21 d/a ）> 草甸（ 0.17 d/a ）> 针叶林、灌木林和沼泽（ 0.16 d/a ）。草原植被 EOS 表现出不显著的提前趋势，即每年提前 0.08 d。

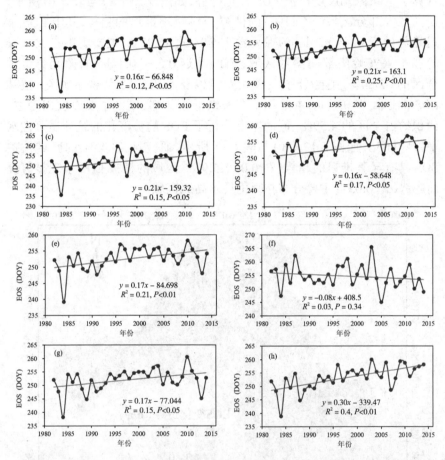

图 5.11　1982—2014 年东北多年冻土区不同植被类型生长季末期年际变化趋势（ a. 针叶林；b. 阔叶林；c. 针阔混交林；d. 灌木林；e. 草甸；f. 草原；g. 沼泽；h. 农田 ）

Fig 5.4 Trend in spatial average the end of the growing season of variable vegetation types over the entire permafrost zone in northeastern China during the period of 1982 to 2014 (a : Needleleaf forests ; b : Broadleaf forests ; c : Broadleaf and conifer mixed forests ; d : Broadleaf shrubs and woodlands ; e : Meadow ; f : Steppe ; g : Swamp ; h : Cultivated)

5.3.2.3 空间像元尺度生长季末期变化趋势

为深入分析研究区植被 EOS 变化特征,本书基于一元线性回归方法计算了空间像元尺度植被 EOS 变化趋势,如图 5.12（a）与表 5.10 所示,研究区大部分区域（84.42%）的植被 EOS 呈现推迟的趋势,其中 EOS 推迟趋势处于 0～0.2 d/a 的像元数占全区的 46.98%,主要集中在大兴安岭和小兴安岭南部的零散区域；EOS 推迟 0.2～0.4 d/a 的像元数量占全区的 32.84%,主要分布在大兴安岭以及小兴安岭大部分地区；植被 EOS 推迟大于 0.4 d/a 主要集中在松嫩平原北部,该区主要以农田为主,面积约占全区的 4.59%；同时本书分析了 EOS 趋势变化的统计显著性水平（P=0.05）,如图 6.12（b）与表 6.11 所示,研究区 79.43% 的区域植被 EOS 具有显著推迟的趋势（$P<0.05$）,5.97% 区域的植被 EOS 呈现显著提前趋势（$P<0.05$）,主要分布在呼伦贝尔高原区域。

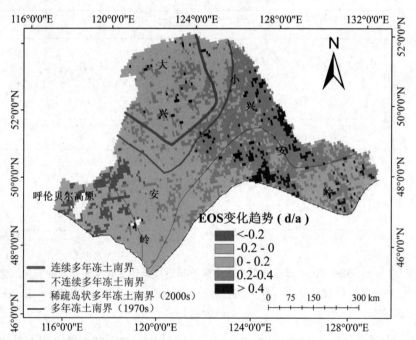

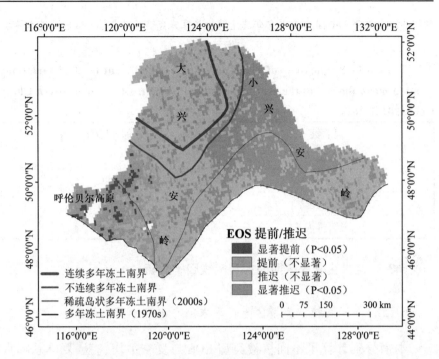

图 5.12 1982—2014 年东北多年冻土区植被生长季末期变化趋势（5% 显著性水平检验）

Fig 5.12 Variation in the mean the end of the growing season of permafrost zone in northeastern China from 1982 to 2014（Statistical test at 5% significance level）

表 5.10 1982—2014 年东北多年冻土区生长季末期变化趋势所占像元比例

Table 5.10 Proportions of pixels for the variations trend in mean the end of the growing season of permafrost in northeastern China from 1982 to 2014

EOS 变化趋势	像元比例
<-0.2	3.87%
-0.2 ~ 0	11.71%
0 ~ 0.2	46.98%
0.2 ~ 0.4	32.84%
>0.4	4.59%

表 5.11　1982—2014 年东北多年冻土区生长季末期变化趋势的 5% 显著性水平所
占像元比例

Table 5.11 Proportions of pixels for the 5% significant level of variations
trend in mean the end of the growing season of permafrost in northeastern China
from 1982 to 2014

显著性	像元比例
显著提前	5.97%
提前(不显著)	7.98%
推迟(不显著)	6.62%
显著推迟	79.43%

5.3.3　植被生长季末期的主导气候因子分析

5.3.3.1　不同植被类型区生长季末期与温度和降水关系

本书分别计算了不同植被类型 EOS 与夏季平均气温、夏季总降水量、秋季平均气温以及秋季总降水量的相关性。如表 5.12 所示,针对整个研究区而言,植被 EOS 与夏季平均气温以及夏季总降水量关系密切,其中植被 EOS 与夏季气温呈现显著正相关关系(r=0.417, P<0.05),即夏季温度增加,有利于研究区植被 EOS 推迟,植被 EOS 与夏季降水呈现显著负相关关系(r=−0.388, P<0.05),即夏季降水减少,会使植被 EOS 推迟;而植被 EOS 与秋季气温和秋季降水量相关性不显著。针叶林、阔叶林、草甸和沼泽植被 EOS 与夏季平均气温均呈显著正相关关系,其中针叶林和沼泽达到了极显著水平(P<0.01),相关系数分别为 0.461、0.372、0.432 和 0.445,针阔混交林、灌木林以及农田植被 EOS 与夏季气温呈现较强的正相关性,但是未达到显著性水平,而对于草原植被而言,植被 EOS 与夏季气温表现出不显著的负相关关系;针叶林、草甸以及沼泽植被 EOS 与夏季降水量呈现显著负相关关系,其中针叶林达到了极显著水平(P<0.01),相关性系数分别为 −0.507, −0.368 和 −0.416,即夏季降水量减少,会导致该区植被 EOS 推迟;阔叶林、针阔混交林、灌木林植被 EOS 与夏季降水具有不显著负相关关系,相关系数分别为 −0.229、−0.133 和 −0.299,而对于草原以及农田植被而言, EOS 与夏季降水具有不显著正相关关系,降水量增加,导致该区植被 EOS 推迟,反之会使植被 EOS 提前。所有植被类型 EOS 与秋季气温和降水相关性不显著。研究结果在

一定程度上表明,对于东北多年冻土区而言,夏季的气温和降水是植被 EOS 的主控因子,夏季气温升高,降水量减少均会导致植被 EOS 推迟。

表 5.12　1982—2014 年东北多年冻土区不同植被类型生长季末期与气候因子相关系数

Table 5.12 Correlation coefficients between mean the end of the growing season and climatic factors among different permafrost types of permafrost in northeastern China from 1982 to 2014

不同植被类型	生长季末期与气温		生长季末期与降水	
	夏季气温	秋季气温	夏季降水	秋季降水
整个研究区	0.417*	−0.001	−0.388*	−0.177
针叶林	0.461**	−0.003	−0.507**	−0.251
阔叶林	0.372*	0.088	−0.229	−0.167
针阔混交林	0.242	0.024	−0.133	−0.265
灌木林	0.315	−0.052	−0.299	−0.048
草甸	0.432*	0.026	−0.368*	−0.183
草原	−0.021	−0.259	0.046	0.105
沼泽	0.445**	−0.016	−0.416*	−0.006
耕地	0.223	0.058	0.093	0.034

注: * 表示 5% 显著性水平;** 表示 1% 显著性水平。

5.3.3.2 空间像元尺度生长季末期与温度关系

为进一步研究 EOS 与气候因子的相关性,本书对植被 EOS 与夏季气温和秋季气温进行逐像元相关分析。结果如图 5.13、表 5.13 和表 5.14 所示,大部分多年冻土区范围内(86.25%),植被 EOS 与夏季气温呈正相关关系,其中 37.28% 的像元达到了显著性水平($P<0.05$),研究区 1.59% 的范围 EOS 与夏季气温相关系数达到 0.6 以上,23.93% 的区域两者之间相关系数在 0.4 ~ 0.6,这些较强正相关系数主要分布在以森林植被覆盖类型为主的大兴安岭以及小兴安岭北部区域。研究区 13.74% 的区域植被 EOS 与夏季气温具有负相关关系,其中仅有 0.35% 达到了显著性水平($P<0.05$),该区主要集中在呼伦贝尔高原东北部,气温升高,导致该区 EOS 提前。研究区 1.90% 的区域植被 EOS 与秋季气温呈现显著负相关,主要分布在呼伦贝尔高原东北部。

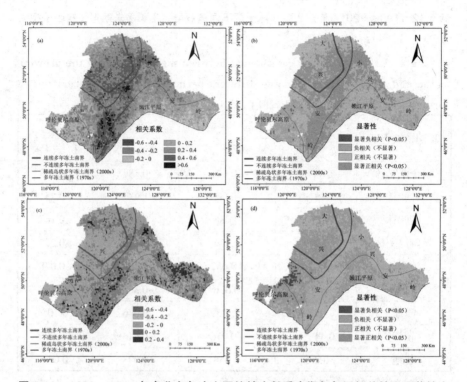

图 5.13 1982—2014 年东北多年冻土区植被生长季末期与气温相关性和显著性空间分布图（a. SOS 与夏季平均气温相关性；b. SOS 与夏季平均气温相关性的显著性水平；c. SOS 与秋季平均气温相关性；d. SOS 与秋季平均气温相关性的显著性水平）

Fig 5.13 Correlations and 5% significant level between the end of the growing season and air temperature of permafrost zone in northeastern China during 1982 to 2014（a：correlation between SOS and summer mean air temperature；b：5% significant level of correlation between SOS and summer mean air temperature；c：correlation between SOS and autumn mean air temperature；d：5% significant level of correlation between SOS and autumn mean air temperature）

表 5.13   1982—2014 年东北多年冻土区植被生长季末期与气温相关性系数所占像元比例

Table 5.13 Proportions of pixels for correlations coefficients between the end of the growing season and air temperature of permafrost zone in northeastern China during 1982 to 2014

相关系数	像元比例	
	夏季气温	秋季气温
−0.6 ~ −0.4	0.15%	0.85%
−0.4 ~ −0.2	2.96%	9.75%
−0.2 ~ 0	10.64%	42.83%
0 ~ 0.2	22.38%	40.56%
0.2 ~ 0.4	38.36%	6.01%
0.4 ~ 0.6	23.93%	0.85%
>0.6	1.59%	—

表 5.14   1982—2014 年东北多年冻土区植被生长季末期与气温相关系数显著性水平所占像元比例

Table 5.14 Proportions of pixels for the 5% significant level of correlations coefficients between the end of the growing season and air temperature of permafrost zone in northeastern China during 1982 to 2014

显著性	像元比例	
	夏季气温	秋季气温
显著负相关	0.35%	1.90%
负相关(不显著)	13.39%	51.53%
正相关(不显著)	48.97%	46.24%
显著正相关	37.28%	0.34%

5.3.3.3   空间像元尺度生长季末期与降水量关系

植被 EOS 与夏季降水和秋季降水的相关性如图 5.14、表 5.15 和表 5.16 所示,研究区 68.37% 的范围,植被 EOS 与夏季降水具有负相关关系,其中相关系数 <−0.6、−0.6 ~ −0.4 和 −0.4 ~ −0.2 的像元数分别占全区的 1.41%、19.84% 和 24.36%,29.88% 达到了显著性水平($P<0.05$),且主要分布在以森林为主的大兴安岭地区。研究区西部典型草原区域以及松

嫩平原北部零星地区,植被 EOS 与夏季降水呈正相关关系,面积约为全区的 31.63%,其中 1.63% 达到了显著性水平($P<0.05$)。研究区一半以上(64.77%)的区域植被 EOS 与秋季降水呈正相关关系,其中 5.47% 的像元达到了显著性水平($P<0.05$),主要集中在大兴安岭西坡以及小兴安岭东北零星区域。

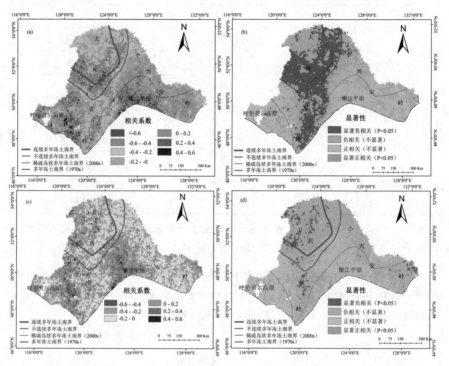

图 5.14　1982—2014 年东北多年冻土区植被生长季末期与降水相关性和显著性空间分布图(a. SOS 与夏季总降水相关性; b. SOS 与夏季总降水相关性的显著性水平; c. SOS 与秋季总降水相关性; d. SOS 与秋季总降水相关性的显著性水平;)

Fig 5.14 Correlations and 5% significant level between the start of the growing season and precipitation of permafrost zone in northeastern China during 1982 to 2014(a : correlation between SOS and summer total precipitation ; b : 5% significant level of correlation between SOS and summer total precipitation ; c : correlation between SOS and autumn total precipitation ; d : 5% significant level of correlation between SOS and autumn total precipitation)

表 5.15 1982—2014 年东北多年冻土区植被生长季末期与降水相关性系数所占像元比例

Table 5.15 Proportions of pixels for correlations coefficients between the start of the growing season and precipitation of permafrost zone in northeastern China during 1982 to 2014

相关系数	像元比例	
	夏季降水	秋季降水
<-0.6	1.41%	—
−0.6 ~ −0.4	19.84%	1.78%
−0.4 ~ −0.2	24.36%	22.44%
−0.2 ~ 0	22.76%	40.55%
0 ~ 0.2	23.91%	27.04%
0.2 ~ 0.4	7.23%	7.84%

表 5.16 1982—2014 年东北多年冻土区植被生长季末期与降水相关系数显著性水平所占像元比例

Table 5.16 Proportions of pixels for the 5% significant level of correlations coefficients between the end of the growing season and precipitation of permafrost zone in northeastern China during 1982 to 2014

显著性	像元比例	
	夏季降水	秋季降水
显著负相关	29.88%	5.47%
负相关(不显著)	38.49%	59.30%
正相关(不显著)	30.00%	34.07%
显著正相关	1.63%	1.16%

5.3.3.4 温度与降水量对植被生长季始期相对重要性

为进一步探求气温和降水对植被生长季末期的相对影响,本书比较了 EOS 与气温和降水相关性系数的大小,如图 5.15 所示,研究区 44.29% 的范围植被 EOS 主要受到夏季气温的影响,主要分布在大兴安岭与小兴安岭中间地带以及小兴安岭中北部地区;30.72% 的像元植被 EOS 受到夏季降水的影响,且主要分布在大兴安岭中北部以及松嫩平原北部地区;15.73% 的区域植被 EOS 秋季降水的影响,这些区域主要分布在小兴安岭南部地区。

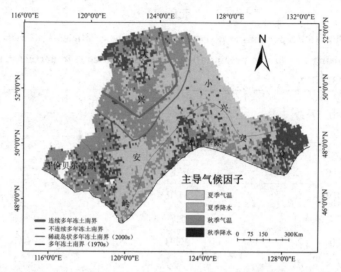

图 5.15 1982—2014 年东北多年冻土区植被生长季末期主导气候因子

Fig 5.15 Dominated climate factors of the end of the growing season in permafrost zone in northeastern China during 1982 to 2014

5.3.4 讨论

本书结果表明,1982—2014 年东北多年冻土区植被生长季末期呈现显著推迟趋势,这与许多学者研究成果一致(Zhao 等,2016;Liu 等,2016;Zhao 等,2015;Zhu 等,2012)。 如 Piao 等(2010)利用 GIMMS NDVI 数据集分析了中国北部温带植被物候生长季末期的变化特征,结果表明,我国温带植被生长季末期呈现推迟趋势;Jeong 等(2011)研究结果表明,北半球陆地植被生长季末期延迟幅度较大,其中中国东北大部分地区也具有明显推迟趋势;Zhao 等(2016)研究表明,1982—2013 年中国东北地区植被物候生长季末期具有显著推迟趋势,以上学者研究结论与本书研究结果大体一致。在与前人研究结果对比中发现,尽管植被生长季末期推迟的区域大体一致,但不同研究得出的推迟的幅度不尽相同,主要是由于所使用的 NDVI 数据集以及应用的物候参数的提取方法的不同,从而导致了多样的研究结果。本书研究结果表明,东北多年冻土区植被生长季末期主要与夏季气温和夏季降水关系密切,夏季气温增加,有利于植被物候末期推迟,夏季降水量减少,同样也会使多年冻土区植被物候末期具有推迟趋势。当环境温度达到一定阈值时,植物开始落叶,夏季气温升高,会延迟此温度阈值出现的时间,从而导致植被物候末期推迟。东北多年冻土区处于寒区生态系统,夏季多年冻土融化,土壤水分充足,若夏季降水量增加会导致云覆盖天数增加,减少了植被光合有效辐射,导致植被物候末期提前。

5.4 物候生长季长度变化趋势及其对气候因子变化响应

5.4.1 生长季长度空间分布特征

从图5.16和表5.17得出,LOS多年平均值主要集中在第100 ~ 140 d,本书区 33 年来整体的均值为第 123.9 d。研究区西部草原与森林过渡带和松嫩平原北部,LOS 在 115 d 以内,且像元数占全区的 9.81%;LOS 处于 115 ~ 120 d 的像元数占全区的 15.31%,主要分布在研究区西部零散地区以及小兴安岭北坡部分地区;LOS 在 120 ~ 125 d 的像元数占全区的 28.63%,主要分布在大兴安岭中南部区域与小兴安岭北部地区;LOS 在 125 ~ 130 d 的像元数占全区的 33.40%,主要集中在大兴安岭北部、小兴安岭中南部大部分地区以及呼伦贝尔高原中部区域。LOS 在 130 ~ 135 d 的像元数占全区的 10.28%,135 ~ 140 d 的像元数占全区的 1.75%。

表 5.17   1982—2014 年东北多年冻土区不同生长季长度所占像元比例

Table 5.17 Proportions of pixels for the different the length of the growing season of permafrost in northeastern China from 1982 to 2014

LOS	像元比例
<115	9.81%
115 ~ 120	15.31%
120 ~ 125	28.63%
125 ~ 130	33.40%
130 ~ 135	10.28%
135 ~ 140	1.75%
>140	0.82%

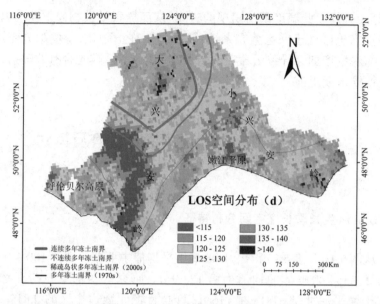

图 5.16 1982—2014 年东北多年冻土区植被生长季长度空间分布

Fig 5.16 Spatial distribution of the length of the growing season of permafrost zone in northeastern China during the period of 1982 to 2014

5.4.2 生长季长度变化趋势

5.4.2.1 整个研究区生长季长度变化趋势

由图 5.17 可以看出，研究时段内，东北多年冻土区植被 LOS 表现显著延长的趋势（$P<0.01$），平均每年推迟 0.32 d，即东北多年冻土区 33 年内 EOS 推迟了 10.56 d。

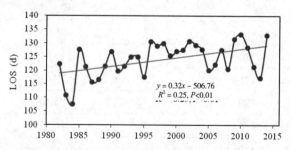

图 6.17 1982—2014 年东北多年冻土区植被生长季长度年际变化趋势

Fig 6.17 Trend in spatial average the length of the growing season over the entire permafrost zone in northeastern China during the period of 1982 to 2014

5.4.2.2　不同植被类型生长季长度变化趋势

研究区不同植被类型 LOS 年际变化如图 5.18 所示,研究区所植被类型 LOS 均具有显著延长的趋势,其中阔叶林、草甸以及沼泽植被 LOS 延长达到了极显著水平($P<0.01$)。植被 LOS 延长幅度依次为阔叶林(0.35 d/a)>沼泽(0.34 d/a)>针叶林和草甸(0.33 d/a)>针阔混交林(0.31 d/a)>农田(0.30 d/a)>灌木林(0.26 d/a)>草原(0.19 d/a)。

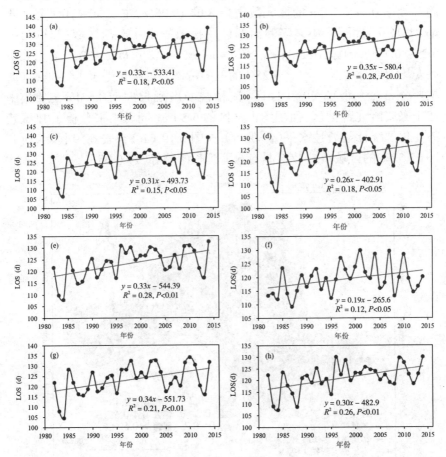

图 5.18　1982—2014 年东北多年冻土区不同植被类型生长季长度年际变化趋势
(a.针叶林;b.阔叶林;c.针阔混交林;d.灌木林;e.草甸;f.草原;g.沼泽;h.农田)

Fig 5.18 Trend in spatial average the length of the growing season of variable vegetation types over the entire permafrost zone in northeastern China during the period of 1982 to 2014 (a : Needleleaf forests ; b : Broadleaf forests ; c :

Broadleaf and conifer mixed forests ; d : Broadleaf shrubs and woodlands ; e : Meadow ; f : Steppe ; g : Swamp ; h : Cultivated)

5.4.2.3 空间像元尺度生长季长度变化趋势

为深入分析研究区植被 LOS 变化特征,本书基于一元线性回归方法计算了空间像元尺度植被 LOS 变化趋势,如图 5.19(a)与表 5.18 所示,研究区大部分区域(94.71%)的植被 LOS 呈延长的趋势,其中 LOS 延长趋势处于 0 ~ 0.2 d/a 的像元数占全区的 19.96%,主要集中在研究区西部、大兴安岭北部、小兴安岭南部以及松嫩平原北部的区域;LOS 延长 0.2 ~ 0.4 d/a 的像元数量占全区的 43.70%,主要分布在大兴安岭以及小兴安岭大部分地区;全区 25.25% 的范围植被 LOS 延长处于 0.4 ~ 0.6 d/a,主要分布在大小兴安岭中间区域;植被 LOS 延长大于 0.6 d/a 主要集中在小兴安岭北部地区,面积约占全区的 5.80%;同时本书分析了 LOS 趋势变化的统计显著性水平(P=0.05),如图 6.19(b)与表 6.19 所示,研究区 53.52% 的区域植被 LOS 具有显著延长的趋势(P<0.05)。

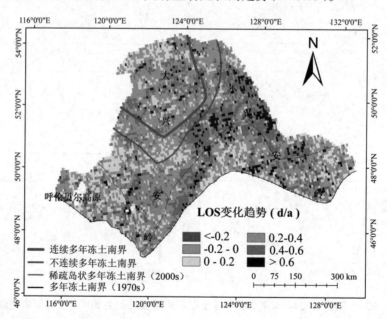

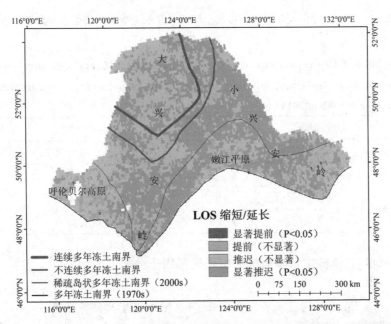

图 5.19　1982—2014 年东北多年冻土区植被生长季长度变化趋势（5% 显著性水平检验）

Fig 5.19 Variation in the mean the length of the growing season of permafrost zone in northeastern China from 1982 to 2014（Statistical test at 5% significance level）

表 5.18　1982—2014 年东北多年冻土区生长季长度变化趋势所占像元比例

Table 5.18 Proportions of pixels for the variations trend in mean the length of the growing season of permafrost in northeastern China from 1982 to 2014

LOS 变化趋势	像元比例
<-0.2	0.75%
-0.2 ~ 0	4.54%
0 ~ 0.2	19.96%
0.2 ~ 0.4	43.70%
0.4 ~ 0.6	25.25%
>0.6	5.80%

表 5.19　1982—2014 年东北多年冻土区生长季长度变化趋势的 5% 显著性水平所占像元比例

Table 5.19 Proportions of pixels for the 5% significant level of variations trend in mean the length of the growing season of permafrost in northeastern China from 1982 to 2014

显著性	像元比例
显著缩短	0.12%
缩短（不显著）	5.16%
延长（不显著）	41.21%
显著延长	53.52%

5.4.3　植被生长季长度的主导气候因子分析

5.4.3.1　不同植被类型区生长季长度与温度和降水关系

本书分别计算了不同植被类型 LOS 与前一年冬季平均气温、前一年冬季总降水量、春季平均气温、春季总降水量、夏季平均气温、夏季总降水量、秋季平均气温以及秋季总降水量的相关性。如表 5.20 所示，针对整个研究区而言，植被 LOS 与前一年冬季总降水量、春季平均气温、夏季平均气温呈现显著正相关关系（$P<0.05$），相关系数分别为 0.429、0.442、和 0.383，即前一年冬季总降水量、春季平均气温、夏季平均气温增加，有利于研究区植被 LOS 延长，而植被 LOS 与前一年冬季气温、秋季气温、春季降水、夏季降水以及秋季降水相关性不显著。针叶林、阔叶林、灌木林、草甸、沼泽和农田植被 LOS 与春季平均气温均呈显著正相关关系，相关系数分别为 0.400、0.431、0.467、0.470、0.437 和 0.444，其中灌木林、草甸和农田达到了极显著水平（$P<0.01$）；针叶林、草甸、草原以及沼泽植被 LOS 与夏季气温呈现显著的正相关性，相关性系数分别为 0.373、0.382、0.525 和 0.390，其中草原植被区达到了极显著水平（$P<0.01$）；针叶林、阔叶林、灌木林、草甸、沼泽和农田植被 LOS 与前一年冬季降水呈显著正相关关系，相关系数分别为 0.381、0.387、0.354、0.400、0.445 和 0.371，其中沼泽植被达到了极显著水平（$P<0.01$）；研究结果在一定程度上表明，对于东北多年冻土区而言，春、夏季的气温和前一年冬季降水是植被 LOS 的主控因子，夏季气温升高，降水量增加均会导致植被 LOS 延长。

表 5.20　1982—2014 年东北多年冻土区不同植被类型生长季长度与气候因子相关系数

Table 5.20 Correlation coefficients between mean the length of the growing season and climatic factors among different permafrost types of permafrost in northeastern China from 1982 to 2014

不同植被类型	生长季长度与气温				生长季长度与降水			
	前一年冬季气温	春季气温	夏季气温	秋季气温	前一年冬季降水	春季降水	夏季降水	秋季降水
整个研究区	0.087	0.442*	0.383*	−0.049	0.429*	0.039	−0.087	−0.262
针叶林	0.073	0.400*	0.373*	−0.106	0.381*	−0.076	−0.129	−0.211
阔叶林	0.082	0.431*	0.294	−0.042	0.387*	0.053	0.059	−0.229
针阔混交林	0.057	0.283	0.140	−0.106	0.327	−0.104	0.094	−0.329
灌木林	0.113	0.467**	0.315	−0.083	0.354*	−0.016	−0.063	−0.203
草甸	0.091	0.470**	0.382*	−0.058	0.400*	0.038	−0.08	−0.267
草原	−0.009	0.190	0.525**	0.202	0.314	0.292	−0.292	−0.331
沼泽	0.061	0.437*	0.390*	−0.092	0.445**	−0.033	−0.043	−0.065
耕地	0.079	0.444**	0.239	−0.040	0.371*	0.026	0.082	−0.153

注: * 表示 5% 显著性水平; ** 表示 1% 显著性水平。

5.4.3.2　空间像元尺度生长季长度与温度关系

为进一步研究 LOS 与气候因子的相关性,本书对植被 LOS 与前一年冬季平均气温、春季平均气温、夏季平均气温和秋季平均气温进行逐像元相关分析。结果如图 5.20、表 5.21 和表 5.22 所示,大部分多年冻土区范围内(93.37%),植被 LOS 与春季气温呈正相关关系,其中 39.86% 的像元达到了显著性水平($P<0.05$),研究区 20.02% 的范围 LOS 与春季气温相关系数在 0.4 ~ 0.6,主要分布在以森林植被覆盖类型为主的大兴安岭以及小兴安岭地区。研究区 91.24% 的区域植被 LOS 与夏季气温具有正相关关系,其中 33.78% 达到了显著性水平($P<0.05$),该区主要集中在呼伦贝尔高原零星区域、大兴安岭中南部地区以及小兴安岭北部地区,该区夏季气温升高,导致该区 LOS 延长。

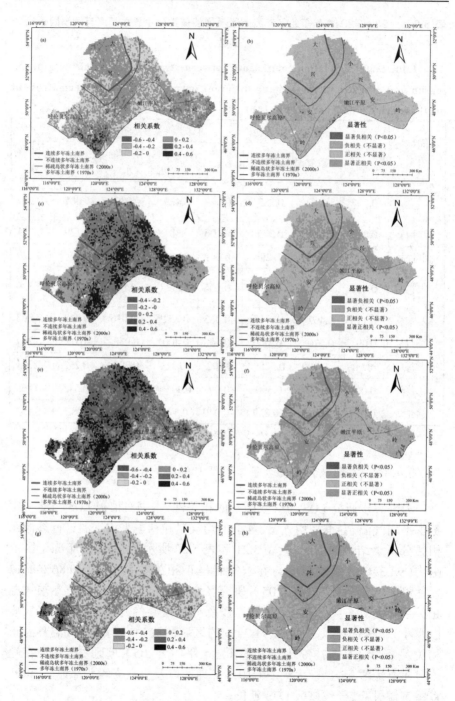

图 5.20 1982—2014 年东北多年冻土区植被生长季长度与气温相关性和显著性空间分布图(a. LOS 与前一年冬季平均气温相关性; b. LOS 与前一年冬季平均气温相

关性的显著性水平；c. LOS 与春季平均气温相关性；d. LOS 与春季平均气温相关性的显著性水平；e. LOS 与夏季平均气温相关性；f. LOS 与夏季平均气温相关性的显著性水平；g. LOS 与秋季平均气温相关性；h. LOS 与秋季平均气温相关性的显著性水平）

Fig 5.20 Correlations and 5% significant level between the start of the growing season and air temperature of permafrost zone in northeastern China during 1982 to 2014（a：correlation between LOS and previous winter mean air temperature；b：5% significant level of correlation between LOS and previous winter mean air temperature；c：correlation between LOS and spring mean air temperature；d：5% significant level of correlation between LOS and spring mean air temperature；e：correlation between LOS and summer mean air temperature；f：5% significant level of correlation between LOS and summer mean air temperature；g：correlation between LOS and autumn mean air temperature；h：5% significant level of correlation between LOS and autumn mean air temperature）

表 5.21　1982—2014 年东北多年冻土区植被生长季长度与气温相关性系数所占像元比例

Table 5.21 Proportions of pixels for correlations coefficients between the length of the growing season and air temperature of permafrost zone in northeastern China during 1982 to 2014

相关系数	像元比例			
	前一年冬季气温	春季气温	夏季气温	秋季气温
−0.6 ~ −0.4	0.22%	—	0.13%	0.15%
−0.4 ~ −0.2	5.02%	1.06%	2.16%	11.79%
−0.2 ~ 0	31.67%	5.57%	6.47%	55.94%
0 ~ 0.2	52.64%	18.29%	18.60%	26.18%
0.2 ~ 0.4	9.64%	55.06%	53.88%	5.32%
0.4 ~ 0.6	0.81%	20.02%	18.76%	0.62%

表 5.22　1982—2014 年东北多年冻土区植被生长季长度与气温相关系数显著性水平所占像元比例

Table 5.22 Proportions of pixels for the 5% significant level of correlations coefficients between the length of the growing season and air temperature of permafrost zone in northeastern China during 1982 to 2014

显著性	像元比例			
	前一年冬季气温	春季气温	夏季气温	秋季气温
显著负相关	0.6%	0.07%	0.34%	1.06%
负相关(不显著)	36.28%	6.56%	8.42%	66.82%
正相关(不显著)	61.23%	53.51%	57.45%	30.58%
显著正相关	1.86%	39.86%	33.78%	1.54%

5.4.3.3　空间像元尺度生长季长度与降水量关系

植被 LOS 与降水的相关性如图 5.21、表 5.23 和表 5.24 所示,研究区 92.02% 的范围,植被 LOS 与前一年冬季降水具有正相关关系,其中相关系数 0 ~ 0.2、0.2 ~ 0.4 和 0.4 ~ 0.6 的像元数分别占全区的 24.22%、51.05% 和 16.75%,30.93% 达到了显著性水平($P<0.05$),且主要分布在以森林为主的大兴安岭地区;研究区 3.63% 的区域植被 LOS 与夏季降水量呈现显著负相关关系,主要集中在呼伦贝尔高原西部地区;研究区 7.29% 范围植被 LOS 与秋季降水呈现显著负相关关系,主要集中在大兴安岭北部以及小兴安岭东北部地区。

表 5.23　1982—2014 年东北多年冻土区植被生长季长度与降水相关性系数所占像元比例

Table 5.23 Proportions of pixels for correlations coefficients between the length of the growing season and precipitation of permafrost zone in northeastern China during 1982 to 2014

相关系数	像元比例			
	前一年冬季降水	春季降水	夏季降水	秋季降水
−0.6 ~ −0.4	—	0.24%	1.50%	3.01%
−0.4 ~ −0.2	1.75%	12.03%	16.17%	30.58%
−0.2 ~ 0	6.23%	46.16%	38.77%	43.42%
0 ~ 0.2	24.22%	31.61%	34.22%	20.81%
0.2 ~ 0.4	51.05%	9.16%	9.06%	2.09%
0.4 ~ 0.6	—	0.81%	0.28%	0.09%

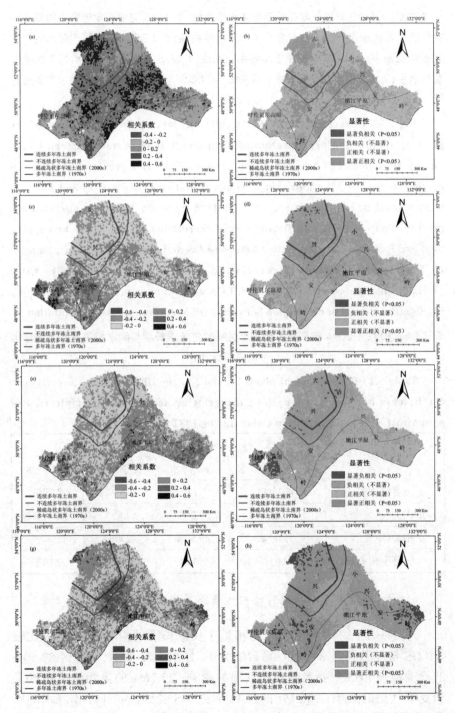

图 5.21　1982—2014 年东北多年冻土区植被生长季长度与降水相关性和显著性空

间分布图（a. LOS 与前一年冬季平均降水相关性；b. LOS 与前一年冬季平均降水相关性的显著性水平；c. LOS 与春季平均降水相关性；d. LOS 与春季平均降水相关性的显著性水平；e. LOS 与夏季平均降水相关性；f. LOS 与夏季平均降水相关性的显著性水平；g. LOS 与秋季平均降水相关性；h. LOS 与秋季平均降水相关性的显著性水平）

Fig 5.21 Correlations and 5% significant level between the start of the growing season and precipitation of permafrost zone in northeastern China during 1982 to 2014（a：correlation between LOS and previous winter total precipitation；b：5% significant level of correlation between LOS and previous winter total precipitation；c：correlation between LOS and spring total precipitation；d：5% significant level of correlation between LOS and spring total precipitation；e：correlation between LOS and summer total precipitation；f：5% significant level of correlation between LOS and summer total precipitation；g：correlation between LOS and autumn total precipitation；h：5% significant level of correlation between LOS and autumn total precipitation）

表 5.24　1982—2014 年东北多年冻土区植被生长季长度与降水相关系数显著性水平所占像元比例

Table 5.24 Proportions of pixels for the 5% significant level of correlations coefficients between the length of the growing season and precipitation of permafrost zone in northeastern China during 1982 to 2014

显著性	像元比例			
	前一年冬季降水	春季降水	夏季降水	秋季降水
显著负相关	0.22%	1.13%	3.63%	7.29%
负相关（不显著）	7.76%	57.29%	52.82%	69.73%
正相关（不显著）	61.09%	39.52%	42.46%	22.88%
显著正相关	30.93%	2.06%	1.09%	0.10%

5.4.3.4　温度与降水量对植被生长季长度相对重要性

为进一步探求气温和降水对植被生长季长度的相对影响，本书比较了 LOS 与气温和降水相关性系数的大小，如图 5.22 所示，研究区 32.50% 的范围植被 LOS 主要受到春季气温的影响；25.76% 的像元植被 LOS 受到夏季气温的影响；23.21% 的区域植被 LOS 受到前一年冬季降水的影响，这些区域主要分布在研究区大兴安岭北部、小兴安岭中部以及松嫩平原北部地区。

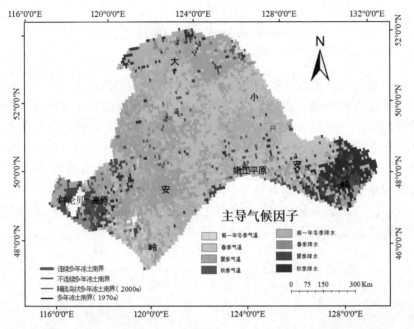

图 5.22　1982—2014 年东北多年冻土区植被生长季长度主导气候因子

Fig 5.22 Dominated climate factors of the length of the growing season in permafrost zone in northeastern China during 1982 to 2014

5.4.4　讨论

本书结果表明,1982—2014 年东北多年冻土区植被生长季长度呈现显著延长趋势。Piao 等(2010)利用 GIMMS NDVI 数据集分析了中国北部温带植被物候生长季长度的变化特征,结果表明,我国温带植被生长季长度呈现延长趋势,其中东北地区植被生长季长度延长趋势显著,这与本书研究结果一致。植被物候生长季始期的提前或者生长季末期的推迟均会导致植被生长季长度的延长,本书中生长季始期提前了 0.17 d/a,生长季末期推迟 0.15 d/a,从而使得生长季长度延长了 0.32 d/a。

5.5 本章小结

  本书利用双逻辑斯蒂模型拟合植被生长曲线进而利用最大斜率法以及阈值法提取植被物候参数,同时使用一元线性回归方法研究植被物候参数的时空变化特征。1982—2014 年东北多年冻土区植被生长季始期具有显著提前的趋势,主要受到春季气温的影响,春季气温增加会使植被物候始期具有提前的趋势;生长季末期具有显著推迟的趋势,并与夏季气温和夏季降水量关系密切,夏季降水的减少以及夏季气温的增加均会导致植被生长季末期推迟;本书区生长季始期的提前和生长季末期的推迟导致植被生长季长度具有显著延长的趋势。

第6章 多年冻土退化对植被影响分析

6.1 数据预处理

由 2.1 可知,东北多年冻土区包括研究区 1970s 所考察出的多年冻土南界以及金会军等人在 2000s 推断出的南界范围。按照影响多年冻土空间分布的地理以及气候条件,将东北多年冻土区划分为连续多年冻土区、不连续多年冻土区以及稀疏岛状多年冻土区。同时 1970s 考察的多年冻土南界与 2000s 考察出的地理南界之间的范围定义为多年冻土完全退化区,即本书利用"空间代时间"方法,从连续多年冻土区—不连续多年冻土区—稀疏岛状多年冻土区—多年冻土完全退化区视为多年冻土区退化过程,由此分析多年冻土退化对植被产生的影响。

6.2 多年冻土退化对植被 NDVI 影响分析

6.2.1 多年冻土退化对生长季 NDVI 影响

6.2.1.1 不同类型多年冻土区生长季 NDVI 变化

为进一步了解研究区植被 NDVI 变化特征,本书分析了不同多年冻土类型区植被生长季 NDVI 的变化趋势。如图 6.1 所示,与整个多年冻土区一样,四种类型区植被 NDVI 均呈极显著增加趋势($P<0.01$),然而增加的幅度不尽相同。连续多年冻土区植被生长季 NDVI 增加的幅度最大,为 0.004 8 a^{-1},而多年冻土完全退化区增加幅度最小,为 0.001 8 a^{-1}。不连续多年冻土区植被 NDVI 增加的幅度与连续多年冻土区相近,为 0.004 1 a^{-1},稀

疏岛状多年冻土区植被生长季 NDVI 增加趋势为 0.002 8 a^{-1}。

空间像元尺度不同多年冻土区生长季 NDVI 变化幅度所占的像元比例如表 6.1 所示。NDVI 增加趋势最大值（>0.004）所占的像元比例依次为连续多年冻土区 > 不连续多年冻土区 > 稀疏岛状多年冻土区 > 多年冻土完全退化区；多年冻土完全退化区生长季 NDVI 减少（<0）所占的面积比例最大，达 24.51%，而连续多年冻土区生长季 NDVI 减少所占的面积比例最小，仅为 0.38%。

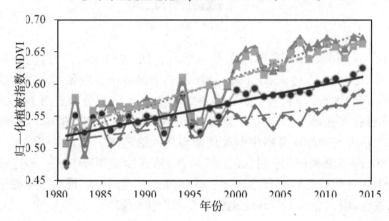

连续多年冻土区 $y=0.004\ 8x-9.070\ 6$, $R^2=0.80$, $P<0.01$
不连续多年冻土区 $y=0.004\ 1x-7.671$, $R^2=0.80$, $P<0.01$
稀疏岛状多年冻土区 $y=0.002\ 8x-5.002\ 2$, $R^2=0.74$, $P<0.01$
多年冻土完全退化区 $y=0.001\ 8x-3.018$, $R^2=0.53$, $P<0.01$

图 6.1　1982—2014 年东北不同类型多年冻土区生长季平均 NDVI 年际变化趋势

Fig 6.1 Interannual variation of spatial average growing season average NDVI values of variable types of permafrost zones in northeastern China during 1982 to 2014

表 6.1　1982—2014 年东北不同多年冻土分区生长季 NDVI 变化趋势的面积比例

Table 6.1 Proportions of pixels for the variations trend of growing season NDVI in the different permafrost zones of northeastern China during 1982 to 2014

多年冻土分区	NDVI 变化趋势 Trend			
	< 0	0 ~ 0.002	0.002 ~ 0.004	>0.004
连续多年冻土区	0.38%	2.17%	14.55%	82.9%
不连续多年冻土区	1.45%	6.39%	27.45%	64.71%
稀疏岛状多年冻土区	9.27%	20.78%	39.32%	30.63%
多年冻土完全退化区	24.51%	19.76%	37.47%	18.26%

6.2.1.2　不同类型多年冻土区生长季 NDVI 与气候因子相关性

不同类型多年冻土区生长季 NDVI 与气候因子相关性系数如表 6.2 所示。不同类型多年冻土区生长季 NDVI 与生长季平均气温呈现极显著正相关关系,除多年冻土完全退化区外,NDVI 与生长季总降水呈现负相关关系。NDVI 与气温相关性系数依次为不连续多年冻土区 > 连续多年冻土区 > 稀疏岛状多年冻土区 > 多年冻土完全退化区。短时间来看,多年冻土由连续多年冻土区退化成不连续多年冻土区,NDVI 与气温之间的相关性系数增加,即气温升高可以促进生长季 NDVI 的增加,但随着多年冻土区由不连续多年冻土区退化成稀疏岛状多年冻土区,甚至多年冻土完全退化区,植被 NDVI 与气温之间的相关性系数逐渐降低,随着多年冻土退化,植被对气温的敏感性程度下降,这在一定程度上表明了,短期来看,多年冻土区退化可以促进植被生长,但是长期来看,多年冻土退化甚至消失可能会阻碍植被生长。

表 6.2　1982—2014 年东北不同类型多年冻土区植被生长季平均 NDVI 与气候因子的相关系数

Table 6.2 Correlation coefficients between mean NDVI and climatic factors during growing season in different permafrost zones of northeastern China during 1982 to 2014

多年冻土类型	相关系数	
	气温	降水
连续多年冻土区	0.718**	−0.155
不连续多年冻土区	0.795**	−0.191
稀疏岛状多年冻土区	0.583**	−0.121
多年冻土完全退化区	0.576**	0.125

注:** 表示 1% 显著性水平。

6.2.2　多年冻土退化对季节性 NDVI 影响

6.2.2.1　多年冻土退化对春季 NDVI 影响

（1）不同类型多年冻土区春季 NDVI 变化

不同多年冻土类型区植被春季 NDVI 的变化趋势,如图 6.2 所示,与整个多年冻土区一样,四种类型区植被春季 NDVI 均呈增加趋势,其中除多年冻土完全退化区外均达到了显著性水平。不同多年的冻土类型区春季 NDVI 增加的幅度不尽相同,连续多年冻土区植被春季 NDVI 增加的幅度最大,为 0.002 4 a^{-1},而多年冻土完全退化区增加幅度最小,为 0.000 5 a^{-1}。不连续多年冻土区植被 NDVI 增加的幅度与连续多年冻土区相近,为 0.002 0 a^{-1},稀疏岛状多年冻土区植被生长季 NDVI 增加趋势为 0.001 4 a^{-1}。

空间像元尺度不同多年冻土区春季 NDVI 变化幅度所占的像元比例如表 6.3 所示。NDVI 增加趋势最大值(>0.004)所占的像元比例依次为连续多年冻土区 > 不连续多年冻土区 > 稀疏岛状多年冻土区 > 多年冻土完全退化区;多年冻土完全退化区春季 NDVI 减少(<0)所占的面积比例最大,达 44.83%,而连续多年冻土区春季 NDVI 减少所占的面积比例最小,仅为 4.28%。

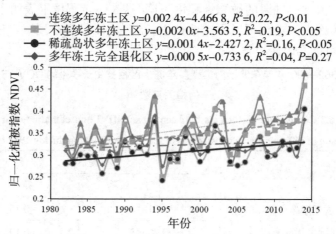

图 6.2 1982—2014 年东北不同类型多年冻土区春季平均 NDVI 年际变化趋势

Fig 6.2 Interannual variation of spatial average spring average NDVI values of variable types of permafrost zones in northeastern China during 1982 to 2014

表 6.3 1982—2014 年东北不同多年冻土分区春季 NDVI 变化趋势的面积比例

Table 6.3 Proportions of pixels for the variations trend of spring NDVI in the different permafrost zones of northeastern China during 1982 to 2014

多年冻土分区	NDVI 变化趋势 Trend			
	< 0	0 ~ 0.002	0.002 ~ 0.004	>0.004
连续多年冻土区	4.28%	31.11%	54.28%	10.32%
不连续多年冻土区	9.31%	39.52%	46.29%	4.88%
稀疏岛状多年冻土区	20.12%	41.76%	34.14%	3.98%

多年冻土完全退化区	44.83%	29.45%	23.67%	2.05%

（2）不同类型多年冻土区春季 NDVI 与气候因子相关性

不同类型多年冻土区春季 NDVI 与气候因子相关性系数如表 6.4 所示。不同类型多年冻土区春季 NDVI 与春季平均气温呈现显著正相关关系，其中稀疏岛状多年冻土区以及多年冻土完全退化区达到了极显著水平（$P<0.01$），连续多年冻土区与岛状多年冻土区植被春季 NDVI 与春季总降水呈现负相关关系，而稀疏岛状多年冻土区与多年冻土完全退化区植被 NDVI 与春季降水呈现正相关关系。NDVI 与气温相关性系数依次为多年冻土完全退化区 > 稀疏岛状多年冻土区 > 不连续多年冻土区 > 连续多年冻土区。对于春季植被 NDVI 而言，多年冻土退化过程有助于植被的生长。

表 6.4　1982—2014 年东北不同类型多年冻土区植被春季平均 NDVI 与气候因子的相关系数

Table 6.4 Correlation coefficients between mean spring NDVI and climatic factors during growing season in different permafrost zones of northeastern China during 1982 to 2014

多年冻土类型	相关系数	
	气温	降水
连续多年冻土区	0.351*	−0.045
不连续多年冻土区	0.359*	−0.042
稀疏岛状多年冻土区	0.548**	0.100
多年冻土完全退化区	0.563**	0.009

注：* 表示 5% 显著性水平；** 表示 1% 显著性水平。

6.2.2.2　多年冻土退化对夏季 NDVI 影响

（1）不同类型多年冻土区夏季 NDVI 变化

不同多年冻土类型区植被夏季 NDVI 的变化趋势，如图 6.3 所示，与整个多年冻土区一样，四种类型区植被 NDVI 均呈极显著增加趋势（$P<0.01$），然而增加的幅度不尽相同。连续多年冻土区植被夏季 NDVI 增加的幅度最大，为 0.005 3 a^{-1}，而多年冻土完全退化区增加幅度最小，为 0.001 9 a^{-1}。不连续多年冻土区为 0.004 2 a^{-1}，稀疏岛状多年冻土区植被夏季 NDVI 增加趋势为 0.002 9 a^{-1}。

空间像元尺度不同多年冻土区夏季 NDVI 变化幅度所占的像元比例

如表 6.5 所示。NDVI 增加趋势最大值（>0.004）所占的像元比例依次为连续多年冻土区 > 不连续多年冻土区 > 稀疏岛状多年冻土区 > 多年冻土完全退化区；多年冻土完全退化区夏季 NDVI 减少（<0）所占的面积比例最大，达 23.38%，而连续多年冻土区夏季 NDVI 减少所占的面积比例最小，仅为 0.15%。

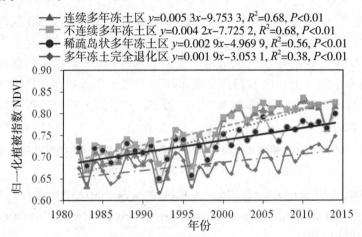

图 6.3　1982—2014 年东北不同类型多年冻土区夏季平均 NDVI 年际变化趋势

Fig 6.3 Interannual variation of spatial average summer average NDVI values of variable types of permafrost zones in northeastern China during 1982 to 2014

表 6.5　1982—2014 年东北不同多年冻土分区夏季 NDVI 变化趋势的面积比例

Table 6.5 Proportions of pixels for the variations trend of summer NDVI in the different permafrost zones of northeastern China during 1982 to 2014

多年冻土分区	NDVI 变化趋势 Trend			
	< 0	0 ~ 0.002	0.002 ~ 0.004	>0.004
连续多年冻土区	0.15%	0.93%	6.43%	92.49%
不连续多年冻土区	0.39%	4.76%	24.20%	70.65%
稀疏岛状多年冻土区	7.37%	15.42%	37.41%	39.81%
多年冻土完全退化区	23.38%	16.44%	31.81%	28.38%

（2）不同类型多年冻土区夏季 NDVI 与气候因子相关性

不同类型多年冻土区夏季 NDVI 与气候因子相关性系数如表 6.6 所示。不同类型多年冻土区夏季 NDVI 与夏季平均气温呈现显著正相关关系，其中不连续多年冻土区、稀疏岛状多年冻土区以及多年冻土完全退化区达到了极显著水平($P<0.01$)。除多年冻土完全退化区外，NDVI 与夏季总降水呈现负相关关系，其中不连续多年冻土区达到了显著性水平（$P<0.05$）。NDVI 与气温相关性系数依次为不连续多年冻土区 > 稀疏岛状多年冻土区 > 多年冻土完全退化区 > 连续多年冻土区。短时间来看，多年冻土由连续多年冻土区退化成不连续多年冻土区，NDVI 与气温之间的相关性系数增加，即气温升高可以促进夏季 NDVI 的增加，但随着多年冻土区由不连续多年冻土区退化成稀疏岛状多年冻土区，甚至多年冻土完全退化区，植被 NDVI 与气温之间的相关性系数逐渐降低，随着多年冻土退化，植被对气温的敏感性程度下降，这在一定程度上表明了，短期来看，多年冻土区退化可以促进植被生长，但是长期来看，多年冻土退化甚至消失可能会阻碍植被生长。

表 6.6 1982—2014 年东北不同类型多年冻土区植被夏季平均 NDVI 与气候因子的相关系数

Table 6.6 Correlation coefficients between mean summer NDVI and climatic factors during growing season in different permafrost zones of northeastern China during 1982 to 2014

多年冻土类型	相关系数	
	气温	降水
连续多年冻土区	0.386*	−0.268
不连续多年冻土区	0.672**	−0.416*
稀疏岛状多年冻土区	0.604**	−0.275
多年冻土完全退化区	0.459**	0.012

注：* 表示 5% 显著性水平；** 表示 1% 显著性水平。

6.2.2.3 多年冻土退化对秋季 NDVI 影响

（1）不同类型多年冻土区秋季 NDVI 变化

不同多年冻土类型区植被秋季 NDVI 的变化趋势，如图 6.4 所示，与整个多年冻土区一样，四种类型区植被春季 NDVI 均呈增加趋势，其中稀疏岛状多年冻土区与多年冻土完全退化区未达到显著性水平。不同多年冻土类型区秋季 NDVI 增加的幅度不尽相同，连续多年冻土区植被秋季 NDVI 增加的幅度最大，为 0.002 2 a^{-1}，而多年冻土完全退化区增加幅度最小，为 0.000 2 a^{-1}。不连续多年冻土区植被 NDVI 增加的幅度与连续多年冻土区相近，为 0.001 7 a^{-1}，稀疏岛状多年冻土区植被生长季 NDVI 增加趋势为 0.000 6 a^{-1}。

空间像元尺度不同多年冻土区秋季 NDVI 变化幅度所占的像元比例如表 6.7 所示。NDVI 增加趋势最大值（>0.004）所占的像元比例依次为连续多年冻土区 > 不连续多年冻土区 > 稀疏岛状多年冻土区 > 多年冻土完全退化区；多年冻土完全退化区夏季 NDVI 减少（<0）所占的面积比例最大，达 37.89%，而连续多年冻土区秋季 NDVI 减少所占的面积比例最小，仅为 6.82%。

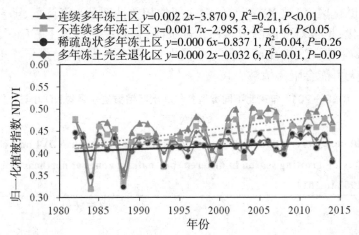

图 6.4　1982—2014 年东北不同类型多年冻土区秋季平均 NDVI 年际变化趋势

Fig 6.4 Interannual variation of spatial average autumn average NDVI values of variable types of permafrost zones in northeastern China during 1982 to 2014

表 6.7 1982—2014 年东北不同多年冻土分区秋季 NDVI 变化趋势的面积比例

Table 6.7 Proportions of pixels for the variations trend of autumn NDVI in the different permafrost zones of northeastern China during 1982 to 2014

多年冻土分区	NDVI 变化趋势 Trend			
	< 0	0 ~ 0.002	0.002 ~ 0.004	>0.004
连续多年冻土区	6.82%	33.94%	52.50%	6.74%
不连续多年冻土区	13.02%	34.90%	50.20%	1.89%
稀疏岛状多年冻土区	33.18%	32.41%	33.73%	0.68%
多年冻土完全退化区	37.89%	42.63%	18.94%	0.54%

（2）不同类型多年冻土区秋季 NDVI 与气候因子相关性

不同类型多年冻土区秋季 NDVI 与气候因子相关性系数如表 6.8 所示。不同类型多年冻土区秋季 NDVI 与秋季平均气温相关性不显著，连

续多年冻土区与不连续多年冻土区植被秋季 NDVI 与降水量表现出显著
负相关关系，相关系数均为 –0.426。对于多年冻土完全退化区而言，秋季
NDVI 与气温呈现负相关关系，这在一定程度上表明了随着气温升高，多
年冻土区退化会阻碍植被生长。

表 6.8　1982—2014 年东北不同类型多年冻土区植被秋季平均 NDVI 与气候因子的
相关系数

Table 6.8 Correlation coefficients between mean autumn NDVI and climatic
factors during growing season in different permafrost zones of northeastern China
during 1982 to 2014

多年冻土类型	相关系数	
	气温	降水
连续多年冻土区	0.151	–0.426*
不连续多年冻土区	0.151	–0.426*
稀疏岛状多年冻土区	0.072	–0.178
多年冻土完全退化区	–0.107	0.071

注：* 表示 5% 显著性水平。

6.3　多年冻土退化对植被物候影响分析

6.3.1　多年冻土退化对植被生长季始期影响

6.3.1.1　不同类型多年冻土区生长季始期变化

不同多年冻土类型区植被 SOS 的变化趋势，如图 6.5 所示，四种类型
区植被 SOS 均呈提前趋势，其中多年冻土完全退化区未达到显著性水平。
不同多年冻土类型区植被 SOS 提前的幅度不尽相同，连续多年冻土区植
被 SOS 提前的幅度最大，为 0.19 d/a，而多年冻土完全退化区提前幅度最
小，为 0.14 d/a。不连续多年冻土区植被 SOS 提前的幅度与稀疏岛状多
年冻土区植被 SOS 提前趋势一致，为 0.18 d/a。

空间像元尺度不同多年冻土区植被 SOS 变化幅度所占的像元比例如
表 6.9 所示。SOS 提前趋势最大值（<–0.2）所占的像元比例依次为稀疏
岛状多年冻土区 > 连续多年冻土区 > 多年冻土完全退化区 > 不连续多年

冻土区;多年冻土完全退化区植被 SOS 推迟(>0)所占的面积比例最大,达 21.74%,而连续多年冻土区植被 SOS 推迟趋势所占的面积比例最小,仅为 0.58%。

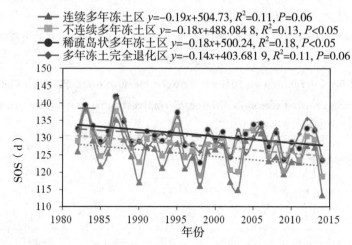

图 6.5　1982—2014 年东北不同类型多年冻土区生长季始期年际变化趋势

Fig 6.5 Interannual variation of spatial average the start of the growing season average NDVI values of variable types of permafrost zones in northeastern China during 1982 to 2014

表 6.9　1982—2014 年东北不同多年冻土分区生长季始期变化趋势的面积比例

Table 6.9 Proportions of pixels for the variations trend of the start of the growing season in the different permafrost zones of northeastern China during 1982 to 2014

多年冻土分区	生长季始期变化趋势 Trend			
	<-0.2	-0.2 ~ 0	0 ~ 0.2	0.2 ~ 0.4
连续多年冻土区	43.37%	56.05%	0.50%	0.07%
不连续多年冻土区	34.99%	64.24%	0.77%	—
稀疏岛状多年冻土区	46.40%	46.27%	6.60%	0.73%
多年冻土完全退化区	40.28%	37.98%	16.61%	5.14%

6.3.1.2　不同类型多年冻土区生长季始期与气候因子相关性

不同类型多年冻土区植被 SOS 与气候因子相关性系数如表 6.10 所示。不同类型多年冻土区植被 SOS 与春季平均气温均表现出极显著负相关关系（$P<0.01$），即春季温度升高，植被 SOS 提前。稀疏岛状多年冻土区植被 SOS 与前一年冬季降水量表现出显著负相关关系（$P<0.05$），相关系数均为 −0.426。研究结果在一定程度上表明了随着多年冻土退化，弱化了春季气温对于植被 SOS 的提前作用，可能会阻碍植被生长。

表 6.10 1982—2014 年东北不同类型多年冻土区植被生长季始期与气候因子的相关系数

Table 6.10 Correlation coefficients between the start of the growing season and climatic factors during growing season in different permafrost zones of northeastern China during 1982 to 2014

多年冻土类型	相关系数			
	前一年冬季气温	春季气温	前一年冬季降水	春季降水
连续多年冻土区	−0.097	−0.614**	−0.281	0.137
不连续多年冻土区	−0.060	−0.644**	−0.272	0.080
稀疏岛状多年冻土区	−0.137	−0.667**	−0.426*	−0.089
多年冻土完全退化区	−0.215	−0.486**	−0.338	−0.184

注：* 表示 5% 显著性水平；** 表示 1% 显著性水平。

6.3.2 多年冻土退化对植被生长季末期影响

6.3.2.1 不同类型多年冻土区生长季末期变化

不同多年冻土类型区植被 EOS 的变化趋势，如图 6.6 所示，四种类型区植被 EOS 均呈推迟趋势，其中连续多年冻土区与不连续多年冻土区未达到显著性水平。不同多年冻土类型区植被 EOS 推迟的幅度不尽相同，稀疏岛状多年冻土区植被 EOS 推迟的幅度最大，为 0.17 d/a，连续多年冻土区与多年冻土完全退化区推迟幅度最小，为 0.13 d/a。不连续多年冻土区植被 EOS 推迟的幅度为 0.14 d/a。

空间像元尺度不同多年冻土区植被 EOS 变化幅度所占的像元比例如表 6.11 所示。EOS 推迟趋势（>0）所占的像元比例依次为不连续多年冻土区＞连续多年冻土区＞稀疏岛状多年冻土区＞多年冻土完全退化区；多年冻土完全退化区植被 EOS 提前（<0）所占的面积比例最大，达 23.68%，而不连续多年冻土区植被 EOS 提前趋势所占的面积比例最小，仅为 5.36%。

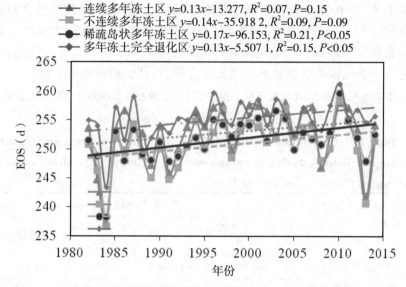

图 6.6　1982—2014 年东北不同类型多年冻土区生长季末期年际变化趋势

Fig 6.6 Interannual variation of spatial average the end of the growing season average NDVI values of variable types of permafrost zones in northeastern China during 1982 to 2014

表 6.11　1982—2014 年东北不同多年冻土分区生长季末期变化趋势的面积比例

Table 6.11 Proportions of pixels for the variations trend of the end of the growing season in the different permafrost zones of northeastern China during 1982 to 2014

多年冻土分区	生长季末期变化趋势 Trend				
	< −0.2	−0.2 ~ 0	0 ~ 0.2	0.2 ~ 0.4	0.4 ~ 0.6
连续多年冻土区	—	9.58%	66.79%	21.61%	2.02%
不连续多年冻土区	—	5.36%	69.09%	24.78%	0.77%
稀疏岛状多年冻土区	3.55%	10.77%	36.43%	44.35%	4.89%
多年冻土完全退化区	7.58%	16.10%	38.55%	30.85%	6.92%

6.3.2.2　不同类型多年冻土区生长季末期与气候因子相关性

不同类型多年冻土区植被 EOS 与气候因子相关性系数如表 6.12 所示。不同类型多年冻土区植被 EOS 与夏季平均气温均表现出正相关关系，其中连续多年冻土区、不连续多年冻土区以及稀疏岛状多年冻土区达到了显著性水平。夏季温度升高,植被 EOS 推迟。连续多年冻土区和不连续多年冻土区植被 EOS 与夏季降水量呈现极显著负相关关系,即夏季降水量减少,会导致植被 EOS 推迟。研究结果在一定程度上表明了随着多年冻土退化,弱化了夏季气温对于植被 EOS 的推迟作用,可能会阻碍植被生长。

表 6.12　1982—2014 年东北不同类型多年冻土区植被生长季末期与气候因子的相关系数

Table 6.12 Correlation coefficients between the end of the growing season and climatic factors during growing season in different permafrost zones of northeastern China during 1982 to 2014

多年冻土类型	相关系数			
	夏季气温	秋季气温	夏季降水	秋季降水
连续多年冻土区	0.430*	−0.057	−0.473**	−0.287
不连续多年冻土区	0.467**	−0.054	−0.579**	−0.154
稀疏岛状多年冻土区	0.450**	0.045	−0.300	−0.123
多年冻土完全退化区	0.197	−0.039	−0.146	−0.060

注:* 表示 5% 显著性水平; ** 表示 1% 显著性水平。

6.3.3　多年冻土退化对植被生长季长度影响

6.3.3.1　不同类型多年冻土区生长季长度变化

不同多年冻土类型区植被 LOS 的变化趋势,如图 6.7 所示,四种类型区植被 LOS 均呈显著延长趋势。不同多年冻土类型区植被 LOS 延长的幅度不尽相同,稀疏岛状多年冻土区植被 LOS 推迟的幅度最大,为 0.36 d/a,连续多年冻土区与不连续多年冻土区 LOS 延长幅度相等,为 0.32 d/a。多年冻土完全退化区植被 EOS 延长的幅度为 0.27 d/a。

空间像元尺度不同多年冻土区植被 LOS 变化幅度所占的像元比例如表 6.13 所示。LOS 延长趋势(>0)所占的像元比例依次为不连续多年冻土区 > 连续多年冻土区 > 稀疏岛状多年冻土区 > 多年冻土完全退化区;多年冻土完全退化区植被 LOS 缩短(<0)所占的面积比例最大,达12.30%,而不连续多年冻土区植被 LOS 缩短趋势所占的面积比例最小,仅为 0.89%。

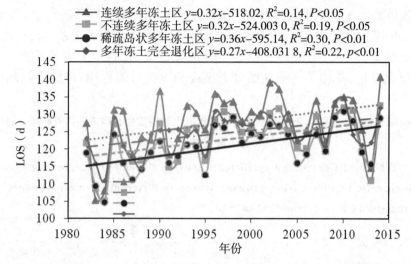

图 6.7 1982—2014 年东北不同类型多年冻土区生长季长度年际变化趋势

Fig 6.7 Interannual variation of spatial average the length of the growing season average NDVI values of variable types of permafrost zones in northeastern China during 1982 to 2014

表 6.13 1982—2014 年东北不同多年冻土分区生长季长度变化趋势的面积比例

Table 6.13 Proportions of pixels for the variations trend of the length of the growing season in the different permafrost zones of northeastern China during 1982 to 2014

多年冻土分区	生长季长度变化趋势 Trend					
	< −0.2	−0.2 ~ 0	0 ~ 0.2	0.2 ~ 0.4	0.4 ~ 0.6	>0.6
连续多年冻土区	—	1.37%	19.88%	51.37%	22.98%	4.39%
不连续多年冻土区	—	0.89%	16.35%	59.00%	21.71%	2.04%
稀疏岛状多年冻土区	0.17%	2.03%	16.83%	40.07%	32.41%	8.48%
多年冻土完全退化区	2.03%	10.27%	24.74%	38.56%	18.90%	5.50%

6.3.3.2 不同类型多年冻土区生长季长度与气候因子相关性

不同类型多年冻土区植被 LOS 与气候因子相关性系数如表 6.14 所示。不同类型多年冻土区植被 LOS 与春季平均气温、夏季平均气温以及前一年冬季降水量均表现较强的正相关关系。春季、季温度升高以及前一年冬季降水量增加有利于植被 LOS 延长。研究结果在一定程度上表明了随着多年冻土退化,弱化了气温和降水对于植被 LOS 的延长作用,可能会阻碍植被生长。

表 6.14　1982—2014 年东北不同类型多年冻土区植被生长季长度与气候因子的
相关系数

Table 6.14 Correlation coefficients between the length of the growing season
and climatic factors during growing season in different permafrost zones of
northeastern China during 1982 to 2014

多年冻土类型	相关系数							
	前一年冬季气温	春季气温	夏季气温	秋季气温	前一年冬季降水	春季降水	夏季降水	秋季降水
连续多年冻土区	0.088	0.366*	0.365*	−0.130	0.402*	−0.171	−0.163	−0.249
不连续多年冻土区	−0.002	0.352*	0.433*	−0.140	0.351*	−0.043	−0.224	−0.134
稀疏岛状多年冻土区	0.059	0.498**	0.423*	−0.013	0.446**	0.089	−0.036	−0.210
多年冻土完全退化区	0.107	0.358*	0.272	−0.003	0.342	0.115	−0.045	−0.316

* 表示 5% 显著性水平；** 表示 1% 显著性水平。

6.4　讨　论

本书表明，多年冻土退化在植被生长过程中起到积极作用，与一些研究结果一致（Guo 等，2017；Wang 等，2012）。然而，也有一些研究结果表明，随着多年冻土活动层厚度增加，植被覆盖度降低。多年冻土区地表温度升高，多年冻土融化，活动层厚度增加，为该区植被生长提供更多土壤水分、营养物质（刘庆仁 等，1993）。在本书中，连续多年冻土、不连续多年冻土、稀疏岛状多年冻土以及多年冻土完全退化区代表多年冻土的退化过程，植被生长季 NDVI 以及季节 NDVI 与气温的相关系数从连续多年冻土区到不连续多年冻土区具有增加趋势，从不连续多年冻土区到稀疏岛状多年冻土区和多年冻土完全退化区呈现降低趋势。多年冻土退化是长期动态过程，并且存在滞后效应，多年冻土退化初期，增加的温度弱化了多年冻土区低温对植被生长的消极作用，增加了土壤水分，植被生长季延长，加快了植被生长。随着多年冻土进一步退化，植被 NDVI 与气温的正相关关系减弱,可能是由于长期的多年冻土退化减少了土壤水分的供应。因此,短期来看,多年冻土发育或维持较好的区域,随着温度的增加,多年冻土退化,可以促进植被生长,增加植被覆盖,但是长期来看,多年冻土退化甚至消失会阻碍植被生长。

不同多年冻土区植被生长季始期均具有显著提前趋势,植被生长季末期具有推迟趋势,由此导致不同多年冻土区植被生长季长度均呈现延长趋势。从连续多年冻土区—不连续多年冻土区—稀疏岛状多年冻土区,植被生长季始期提前幅度、生长季末期推迟幅度以及植被生长季长度延长幅度均具有增加趋势,而从稀疏岛状多年冻土区到多年冻土区完全退化区植被生长季始期提前幅度、生长季末期推迟幅度以及生长季长度延长幅度表现出减小的趋势,这在一定程度上说明,短期来看,多年冻土退化对植被物候具有积极的作用,使植被生长季延长,但是长期而言,多年冻土完全退化可能会弱化多年冻土区对于植被物候参数所产生的积极作用。

6.5　本章小结

本书通过"空间代时间"方法探讨东北多年冻土退化对植被 NDVI 和物候的影响。不同多年冻土区植被生长季 NDVI 与季节性 NDVI 均具有增加的趋势,本书中,连续多年冻土、不连续多年冻土、稀疏岛状多年冻土以及多年冻土完全退化区代表多年冻土的退化过程,植被生长季 NDVI 以及季节 NDVI 与气温的相关系数从连续多年冻土区到不连续多年冻土区具有增加趋势,从不连续多年冻土区到稀疏岛状多年冻土区和多年冻土完全退化区呈现降低趋势,这在一定程度上说明,短期来看,多年冻土退化对植被的生长具有积极促进作用,但是长期来看,由气温升高所引起的植被覆盖增加的趋势具有减弱的趋势。

不同多年冻土区植被生长季始期均具有提前趋势,植被生长季末期具有推迟趋势,由此导致不同多年冻土区植被生长季长度均呈现延长趋势。从连续多年冻土区—不连续多年冻土区—稀疏岛状多年冻土区,植被生长季始期提前幅度、生长季末期推迟幅度以及植被生长季长度延长幅度均具有增加趋势,而从稀疏岛状多年冻土区到多年冻土区完全退化区植被生长季始期提前幅度、生长季末期推迟幅度以及生长季长度延长幅度表现出减小的趋势,这在一定程度上说明,短期来看,多年冻土退化对植被物候具有积极的作用,使植被生长季延长,但是长期而言,多年冻土完全退化可能会弱化多年冻土区对于植被物候参数所产生的积极作用。

综上,短期来看多年冻土退化对植被生长季 NDVI、季节 NDVI 以及植被物候参数具有积极促进作用,而长期而言(多年冻土完全退化)可能对植被的生长起到阻碍作用。

第 7 章　结论与展望

　　遥感技术的不断发展为大尺度植被研究提供了新的手段,目前植被NDVI 以及物候的研究已成为全球气候变化背景下植被变化研究的热点问题。本书基于三种数据集,即 LTDR NDVI（1982—1999）、MODIS NDVI（2000—2014）以及 GIMMS NDVI3g（1982—2014）对东北多年冻土区植被生长季 NDVI、季节性 NDVI 以及植被物候参数(生长季始期、生长季末期以及生长季长度)进行研究,同时结合气候数据,分析了植被NDVI 和物候对气温和降水变化的响应,最后分析了多年冻土退化对植被NDVI 和物候的影响。

7.1　主要结论

7.1.1　植被生长季 NDVI 变化特征

　　1982—2014 年东北多年冻土区植被生长季 NDVI 整体上具有显著增加趋势;除草原植被外,针叶林、阔叶林、针阔混交林、灌木林、草甸、沼泽以及农田等 7 种植被类型生长季 NDVI 均呈显著增加趋势,且空间像元尺度分析发现全区大部分像元植被 NDVI 具有增加趋势;进一步分析植被 NDVI 与气温和降水的相关性表明,研究区整体上受到温度的控制,即生长季平均气温升高,导致植被生长季 NDVI 增加。研究区内草原植被主要分布在呼伦贝尔高原,该区属于半干旱地区,植被生长季 NDVI 受降水影响显著。

7.1.2　植被季节性 NDVI 变化特征

　　1982—2014 年东北多年冻土区植被春季平均 NDVI 整体上具有显著增加趋势,通过相关分析得出春季温度是春季 NDVI 变化的主导因子,春季温度增加,有利于植被覆盖增加;植被夏季平均 NDVI 具有极显著增加趋势,通过相关分析得出夏季温度是夏季 NDVI 变化的主控因子,夏季温度升高,促进植被生长,局部地区如呼伦贝尔高原典型草原区域,该区属于半干旱地区,植被的生长主要受都降水的控制;植被秋季 NDVI 具有显著增加趋势,通过相关分析得出秋季植被的生长主要受到秋季降水的控制,秋季降水量减少,有利于该区植被生长。

7.1.3 植被物候变化特征

1982—2014 年东北多年冻土区植被生长季始期整体上具有显著提前的趋势,植被生长季始期主要受到春季气温的影响,春季气温增加会使植被物候始期具有提前的趋势;植被生长季末期整体上具有显著推迟的趋势,并与夏季气温和夏季降水量关系密切,夏季降水的减少以及夏季气温的增加均会导致植被生长季末期推迟;由于本书区生长季始期的提前和生长季末期的推迟导致该区植被生长季长度具有显著延长的趋势。

7.1.4 多年冻土退化对植被 NDVI 影响

不同多年冻土区植被生长季 NDVI 与季节性 NDVI 均具有增加的趋势,本书中,连续多年冻土、不连续多年冻土、稀疏岛状多年冻土以及多年冻土完全退化区代表多年冻土的退化过程,植被生长季 NDVI 以及季节 NDVI 与气温的相关系数从连续多年冻土区到不连续多年冻土区具有增加趋势,从不连续多年冻土区到稀疏岛状多年冻土区和多年冻土完全退化区呈现降低趋势,这在一定程度上说明,短期来看,多年冻土退化对植被的生长具有积极促进作用,但是长期而言,由气温升高所引起的植被覆盖增加的趋势具有减弱的趋势,多年冻土退化会阻碍植被的生长。

7.1.5 多年冻土退化对植被物候影响

不同多年冻土区植被生长季始期均具有提前趋势,植被生长季末期具有推迟趋势,由此导致不同多年冻土区植被生长季长度均呈现延长趋势。从连续多年冻土区—不连续多年冻土区—稀疏岛状多年冻土区,植被生长季始期提前幅度、生长季末期推迟幅度以及植被生长季长度延长幅度均具有增加趋势,而从稀疏岛状多年冻土区到多年冻土区完全退化区植被生长季始期提前幅度、生长季末期推迟幅度以及生长季长度延长幅度表现出减小的趋势,这在一定程度上说明,短期来看,多年冻土退化对植被物候具有积极的作用,使植被生长季延长,但是长期而言,多年冻土完全退化可能会弱化多年冻土区对于植被物候参数所产生的积极作用。

7.2 存在问题与研究展望

本书基于三种 NDVI 数据集分析了 33 年来东北多年冻土区植被NDVI 以及物候变化规律,为区域植被监测以及生态环境保护提供了良好的借鉴。由于该区位于北半球中、高纬度地区,是我国第二大多年冻土区,同时也是欧亚大陆多年冻土带的南缘,对气候变化反应十分敏感,全球气候变暖背景下,研究东北多年冻土区的植被变化对我们充分了解陆地生态系统对气候变化响应具有重要意义。

本书在前期数据准备与处理、数据精度评价与结果分析等方面进行了十分细致的工作,力求真实、准确地反映实际情况,但是由于各方面原因,难免存在一些不足之处,因此需要对未来开展的工作进行进一步的规划。

7.2.1 存在的不足

(1)本书在分析植被 NDVI 时空动态变化时采用的是 LTDR 和MODIS NDVI 两种遥感数据集,尽管两种数据集经过了数据精度验证,但是由于两个数据集所获取的传感器的差异,会使本书应用的长时间NDVI 数据集的融合具有一定的误差。同时本书在提取物候参数时应用GIMMS NDVI3g 数据集,该数据集空间分辨率较低,为 0.083°,会造成单个像元尺度内详细信息的缺失,因此,需要综合考虑各 NDVI 数据集的优劣,获取适合该研究区的长时间 NDVI 序列数据。

(2)本书中应用的气候因子数据包括气温和降水量数据均是来自地面气象观测站点数据,为空间点数据,在与植被进行进一步分析时需要将空间点数据借助 AcrGIS 平台插值成与 NDVI 数据空间分辨率一致的栅格数据。本书采用的是协同克里格方法将气温和降水数据进行空间插值,这种方法在一定程度上存在误差,会给后续进行植被与气候关系的分析研究带来一定的误差。因此为减少此类误差,需要更采用高精度的插值估算方法来获取更高精度的栅格化气象数据。

（3）本书采用双逻辑斯蒂函数拟合植被生长曲线,对拟合后函数进行求导,将 NDVI 变化率最大的点定义为植被生长季始期,将拟合后函数曲线在下降过程中 NDVI 值达到年 NDVI 整体增幅的 80% 所对应的日期定义为植被生长季末期,此种方法适合较高纬度植被物候参数的提取,采用不同的物候参数提取方法,会对物候参数结果造成影响,因此在实际的物候参数提取中需要考虑研究区内地面物候观测站点的数据,充分利用野外观测站点数据,对通过遥感方法提取的物候参数进行验证,发展适合该研究区的物候参数提取方法,进一步提高结果的精度。

（4）植被生长不仅仅受温度和降水的影响,还受海拔高度、经度、纬度、光照、CO_2、土地利用等因素的影响。本书主要考虑了气温和降水对植被物候的影响,在未来的工作中需要充分考虑多因素对于植被生长的作用,这对于揭示植被动态变化具有重要的意义。

7.2.2　研究展望

针对本书存在的不足,需要进一步开展的工作主要包括:

（1）本书分析多年冻土退化对植被影响时采用的是金会军等学者对东北多年冻土区进行实地考察所确定的多年冻土南界范围,由于缺少近年来对于多年冻土分区的划分,因此本书应用的不同多年冻土分区范围采用金会军等学者 1970s 考察的界限,此种界限划分距今时间较长,对于本书分析多年冻土退化对植被影响研究产生一定影响,因此在未来的工作中,对于不同类型的多年冻土分区和退化还需要进一步收集和积累数据,同时开展实地考察来更好的确定东北地区多年冻土的南界及不同类型多年冻土区的界线,以便更深入的探究多年冻土退化趋势。在收集实测数据的同时,深入研究地物探测雷达及微波遥感技术等在多年冻土退化监测方面的应用具有十分重要的意义。

（2）多源遥感数据源的信息复合应用还需进一步加强,未来工作中应该积极探讨不同遥感数据源的融合应用。

（3）多年冻土退化对于区域环境的影响较大,如东北多年冻土退化对该区域森林生态系统和湿地生态系统会产生较大影响。本书研究了多年冻土退化对植被 NDVI 和物候的影响,在一定意义上表达了其内在联系,但对于不同类型的植被还需进一步深入研究。

（4）本书研究结果显示以森林为主要植被类型的大小兴安岭地区植被生长季具有延长趋势,但是以农田为主的松嫩平原北部地区植被生长季具有缩短趋势,探讨两种植被类型不同的生长季长度变化的驱动力因子对于我们充分认识该区植被对气候变化响应具有重要意义,未来工作中需要进一步研究。

参考文献

[1] 毕晓丽，王辉，葛剑平．植被归一化指数（NDVI）及气候因子相关起伏型时间序列变化分析 [J]. 应用生态学报，2005，16（2）：284–288.

[2] 陈琼，周强，张海峰，等．三江源地区基于植被生长季的 NDVI 对气候因子响应的差异性研究 [J]. 生态环境学报，2010，26（6）：1284–1289.

[3] 崔凯，蒙继华，左廷英．遥感作物物候监测方法研究 [J]. 安徽农业科学，2012，40（10）：6279–6281.

[4] 常晓丽，金会军，何瑞霞，等．大兴安岭北部多年冻土监测进展 [J]. 冰川冻土，2013，35（1）：93–100.

[5] 陈效逑，王林海．遥感物候学研究进展 [J]. 地理科学进展，2009，28（1）：33–40.

[6] 陈云浩，李晓兵，史培军．1983—1992 年中国陆地 NDVI 变化的气候因子驱动分析 [J]. 植物生态学报，2001，25（6）：716–720.

[7] 戴声佩，张勃，王海军，等．中国西北地区植被覆盖变化驱动因子分析 [J]. 干旱区地理，2010，33（4）：636–643.

[8] 戴声佩，张勃，王海军，等．基于 SPOT NDVI 的祁连山草地植被覆盖时变化趋势分析 [J]. 地理科学进展，2010，29（9）：1075–1080.

[9] 丁永建．1980 年以来冰冻圈对气候变暖响应的若干证据 [J]. 冰川冻土，1996，18（2）：131–137.

[10] 杜艳秀，邵怀勇，李波．MODIS 数据研究沱江流域植被 NDVI 对气候因子的响应 [J]. 环境科学与技术，2015，38（s1）：368–372.

[11] 方精云，朴世龙，贺金生，等．近 20 年来中国植被活动在增强 [J]. 中国科学，2003，33（6）：554–565.

[12] 方精云，唐艳鸿，林俊达，等．全球生态学——气候变化与生态响应 [M]. 北京：高等教育出版社；海德堡：施普林格出版社，2002.

[13] 郭铌，朱燕君，王介民，等．近 22 年来西北不同类型植被 NDVI 变化与气候因子的关系 [J]. 植物生态学报，2008，32（2）：319–327.

[14] 葛全胜，王芳，王绍武，等．对全球变暖认识的七个问题的确定与不确定性 [J]．中国人口·资源与环境，2014，24（1）：1–6.

[15] 郭正刚，牛富俊，湛虎，等．青藏高原北部多年冻土退化过程中生态系统的变化特征 [J]．生态学报，2007，27（8）：3294–3301.

[16] 顾钟炜，周幼吾．气候变暖和人为扰动对大兴安岭北坡多年冻土的影响——以阿木尔地区为例 [J]．地理学报，1994（2）：182–187.

[17] 国志兴，王宗明，宋开山，等．1982—2003 年东北地区植被覆盖变化特征分析 [J]．西北植物学报，2008，28（1）：155–163.

[18] 国志兴，张晓宁，王宗明，等．东北地区植被物候对气候变化的响应 [J]．生态学杂志，2010，29（3）：578–585.

[19] 黄森旺，李晓松，吴炳方，等．近 25 年三北防护林工程区土地退化及驱动力分析 [J]．地理学报，2012，67（5）：589–598.

[20] 何月，樊高峰，张小伟，等．浙江省植被物候变化及其对气候变化的响应 [J]．自然资源学报，2013，28（2）：220–233.

[21] 侯光雷，张洪岩，郭笑怡．长白山区植被生长季 NDVI 时空变化及其对气候因子敏感性 [J]．地理科学进展，2012，31（3）：285–292.

[22] 金佳鑫，江洪，张秀英，等．利用遥感监测长江三角洲森林植被物候对气候变化的响应 [J]．遥感信息，2011（2）：79–85.

[23] 贾文雄，赵珍，俎佳星，等．祁连山不同植被类型的物候变化及其对气候的响应 [J]．生态学报，2016，36（23）：7826–7840.

[24] 金会军，李述训，王绍令，等．气候变化对中国多年冻土和寒区环境的影响 [J]．地理学报，2000，55（2）：161–173.

[25] 金会军，于少鹏，吕兰芝，等．大小兴安岭多年冻土退化及其趋势初步评估 [J]．冰川冻土，2006，28（4）：467–476.

[26] 梁四海，万力，李志明，等．黄河源区冻土对植被的影响 [J]．冰川冻土，2007，29（1）：45–52.

[27] 李明，吴正方，杜海波，等．基于遥感方法的长白山地区植被物候期变化趋势研究 [J]．地理科学，2011，31（10）：1242–1248.

[28] 李娜．基于遥感的植被物候学方法研究 [J]．安徽农业科学，2015（5）：318–319.

[29] 李霞，李晓兵，陈云浩，等．中国北方草原植被对气象因子的时滞响应 [J]．植物生态学报，2007，31（6）：1054–1062.

[30] 李晓兵，王瑛，李克让．NDVI 对降水季节性和年际变化的敏感性 [J]．地理学报：2000，55（s1）：82–89.

[31] 李月臣，宫鹏，刘春霞，等．北方 13 省 1982—1999 年植被变化

及其与气候因子的关系 [J]. 资源科学,2006, 28（2）: 109-117.

[32] 刘灿,高阳华,李月臣,等. 基于 NDVI 的重庆市植被覆盖变化及其对气候因子的响应 [J]. 长江流域资源与环境,2013, 22（11）: 1514-1520.

[33] 刘庆仁,孙振昆,崔永生,等. 大兴安岭林区多年冻土与植被分布规律研究 [J]. 冰川冻土,1993, 15（2）: 246-251.

[34] 罗玲,王宗明,宋开山,等. 1982—2003 年中国东北地区不同类型植被 NDVI 与气候因子的关系研究 [J]. 西北植物学报,2009, 29(4): 800-808.

[35] 陆佩玲,于强,贺庆棠. 植物物候对气候变化的响应 [J]. 生态学报,2006, 26（3）: 923-929.

[36] 吕久俊. 东北多年冻土对气候变化的响应 [D]. 沈阳: 中国科学院沈阳应用生态研究所,2009.

[37] 吕久俊,李秀珍,胡远满,等. 呼中自然保护区多年冻土活动层厚度的影响因子分析 [J]. 生态学杂志,2007, 26（9）: 1369-1374.

[38] 马明国,董立新,王雪梅. 过去 21a 中国西北植被覆盖动态监测与模拟 [J]. 冰川冻土,2003, 25（2）: 232-236.

[39] 毛德华,罗玲,王宗明,等. 青藏高原多年冻土区植被 NPP 变化及其与气候变暖之间的关系（英文）[J]. Journal of Geographical Sciences, 2015（8）: 967-977.

[40] 毛德华,王宗明,罗玲,等. 1982—2009 年东北多年冻土区植被净初级生产力动态及其对全球变化的响应 [J]. 应用生态学报,2012, 23（6）: 1511-1519.

[41] 毛德华,王宗明,宋开山,等. 东北多年冻土区植被 NDVI 变化及其对气候变化和土地覆被变化的响应 [J]. 中国环境科学,2011, 31（2）: 283-292.

[42] 那平山,张明如,徐树林. 大兴安岭林区湿地生态水环境失调机理探析 [J]. 中国生态农业学报,2003, 11（1）: 114-116.

[43] 彭小清,张廷军,钟歆玥,等. 祁连山黑河流域 NDVI 时空变化及其对气候因子的响应 [J]. 兰州大学学报(自然科学版),2013（2）: 192-202.

[44] 朴世龙,方精云. 1982—1999 年我国陆地植被活动对气候变化响应的季节差异 [J]. 地理学报,2003, 58（1）: 119-125.

[45] 任建强,陈仲新,唐华俊. 基于 MODIS-NDVI 的区域冬小麦遥感估产——以山东省济宁市为例 [J]. 应用生态学报,2006, 17（12）:

2371-2375.

[46] 沈永平，王国亚. IPCC 第一工作组第五次评估报告对全球气候变化认知的最新科学要点 [J]. 冰川冻土，2013，35（5）：1068-1076.

[47] 石剑，王育光，杜春英，等. 黑龙江省多年冻土分布特征 [J]. 黑龙江气象：2003（3）：32-34.

[48] 索玉霞，王正兴，刘闯，等. 中亚地区 1982 年至 2002 年植被指数与气温和降水的相关性分析 [J]. 资源科学，2009，31（8）：1422-1429.

[49] 宋春桥，游松财，柯灵红，等. 藏北高原植被物候时空动态变化的遥感监测研究 [J]. 植物生态学报，2011，35（8）：853-863.

[50] 孙凤华，杨素英，陈鹏狮. 东北地区近 44 年的气候暖干化趋势分析及可能影响 [J]. 生态学杂志，2005，24（7）：751-755.

[51] 孙红雨，王长耀，牛铮，等. 中国地表植被覆盖变化及其与气候因子关系—基于 NOAA 时间序列数据分析 [J]. 遥感学报，1998，2（3）：204-210.

[52] 孙广友. 试论沼泽与冻土的共生机理——以中国大小兴安岭地区为例 [J]. 冰川冻土，2000，22（4）：309-316.

[53] 孙广友，于少鹏，王海霞. 大小兴安岭多年冻土的主导成因及分布模式 [J]. 地理科学，2007，27（1）：68-74.

[54] 孙艳玲，郭鹏. 1982—2006 年华北植被覆盖变化及其与气候变化的关系 [J]. 生态环境学报，2012，21（1）：7-12.

[55] 谭俊，李秀华. 气候变暖影响大兴安岭冻土退化和兴安范叶松北移的探讨 [J]. 内蒙古林业调查设计，1995，（1）：24-31.

[56] 宛敏渭. 中国物候观测方法 [M]. 北京：科学出版社，1979.

[57] 王根绪，李元首，吴青柏，等. 青藏高原冻土区冻土与植被的关系及其对高寒生态系统的影响 [J]. 中国科学 D 辑地球科学，2006，36（8）：743-754.

[58] 王宏，李霞，李晓兵，等. 中国东北森林气象因子与 NDVI 的相关关系 [J]. 北京师范大学学报（自然科学版），2005，41（4）：425-430.

[59] 王宏，李晓兵，李霞，等. 基于 NOAA NDVI 和 MSAVI 研究中国北方植被生长季变化 [J]. 生态学报，2007，27（2）：504-515.

[60] 王静，常青，柳冬良. 早春草本植物开花物候期对城市化进程的响应—以北京市为例 [J]. 生态学报，2014，34（22）：6701-6710.

[61] 王连喜，陈怀亮，李琪，等. 植物物候与气候研究进展 [J]. 生态学报，2010，20（2）：447-454.

[62] 王绍令. 青藏高原冻土退化的研究 [J]. 地球科学进展，1997，12（2）：

164-167.

[63] 王少鹏, 王志恒, 朴世龙, 等. 我国40年来增温时间存在显著的区域差异 [J]. 科学通报, 2010, 55 (16): 1538-1543.

[64] 王永财, 孙艳玲, 王中良. 1998—2011年海河流域植被覆盖变化及气候因子驱动分析 [J]. 资源科学, 2014, 36 (3): 594-602.

[65] 王永立, 范广洲, 周定文, 等. 我国东部地区NDVI与气温、降水的关系研究 [J]. 热带气象学报: 2009, 25 (6): 725-732.

[66] 王宗明, 国志兴, 宋开山, 等. 中国东北地区植被NDVI对气候变化的响应 [J]. 生态学杂志, 2009, 28 (6): 1041-1048.

[67] 卫炜, 吴文斌, 李正国, 等. 时间序列植被指数重构方法比对研究 [J]. 中国农业资源与区划, 2014, 35 (1): 34-43.

[68] 魏智, 金会军, 张建明, 等. 气候变化条件下东北地区多年冻土变化预测 [J]. 中国科学: 地球科学, 2011, 41 (1): 74-84.

[69] 武永峰, 李茂松, 刘布春, 等. 基于NOAA NDVI的中国植被绿度始期变化 [J]. 地理科学进展, 2008, 27 (6): 32-40.

[70] 辛奎德, 任奇甲. 中国东北地区多年冻土的分布 [J]. 地质知识, 1956 (10): 17-20.

[71] 徐达. CFG复合地基与岛状多年冻土温度场研究 [D]. 哈尔滨: 东北林业大学, 2013.

[72] 徐浩杰, 杨太保. 近13a来黄河源区高寒草地物候的时空变异性 [J]. 干旱区地理(汉文版), 2013, 36 (3): 467-474.

[73] 徐丽萍, 郭鹏, 刘琳, 等. 天山北坡NDVI对气候因子响应的敏感性分析 [J]. 湖北农业科学, 2014, 53 (21): 5116-5120.

[74] 徐鹏雁, 牛建明, Alexander Buyantuyev, 等. 呼和浩特市不同土地利用/覆盖类型对杨树春季物候的影响 [J]. 生态学报, 2014, 34 (20): 5944-5952.

[75] 于健, 刘琪璟, 徐倩倩, 等. 长白山东坡植被指数变化及其对气候变化的响应 [J]. 应用与环境生物学报, 2015, 21 (2): 323-332.

[76] 于信芳, 庄大方. 基于MODIS NDVI数据的东北森林物候期监测 [J]. 资源科学, 2006, 28 (4): 111-117.

[77] 杨永民, 田静, 荣媛, 等. 基于遥感的黑河流域植被物候空间格局提取分析 [J]. 遥感技术与应用, 2012, 27 (2): 282-288.

[78] 余振, 孙鹏森, 刘世荣. 中国东部南北样带主要植被类型物候期的变化 [J]. 植物生态学报, 2010, 34 (3): 316-329.

[79] 曾彪. 青藏高原植被对气候变化的响应研究 (1982—2003) [D].

兰州：兰州大学，2008.

[80] 张戈丽，陶健，董金玮，等.1960—2010 年内蒙古东部地区生长季变化分析 [J]. 资源科学，2011，33（12）：2323-2332.

[81] 张仁平，冯琦胜，郭靖，等.2000—2012 年中国北方草地 NDVI 和气候因子时空变化 [J]. 中国沙漠，2015，35（5）：1403-1412.

[82] 张翔，王勇.NDVI 对气候因子的响应研究 [J]. 地理空间信息，2014（6）：39-41.

[83] 张学霞，葛全胜，郑景云.北京地区气候变化和植被的关系——基于遥感数据和物候资料的分析 [J]. 植物生态学报，2004，28（4）：499-506.

[84] 张学霞，葛全胜，郑景云.遥感技术在植物物候研究中的应用综述 [J]. 地球科学进展，2003，18（4）：534-544.

[85] 张学珍，戴君虎，葛全胜.1982—2006 年中国东部春季植被变化的区域差异 [J]. 地理学报，2012，67（1）：53-61.

[86] 赵英时.遥感应用分析原理与方法 [M]. 北京：科学出版社，2003.

[87] 赵玉萍，张宪洲，王景升，等.1982—2003 年藏北高原草地生态系统 NDVI 与气候因子的相关分析 [J]. 资源科学，2009，31（11）：1988-1998.

[88] 郑景云，葛全胜，郝志新.气候增暖对我国近 40 年植物物候变化的影响 [J]. 科学通报，2002，47（20）：1582-1587.

[89] 周广胜，王玉辉，白莉萍，等.陆地生态系统与全球变化相互作用的研究进展 [J]. 气象学报，2004，62（5）：692-707.

[90] 周梅，余新晓，冯林，等.大兴安岭林区冻土及湿地对生态环境的作用 [J]. 北京林业大学学报，2003，25（6）：91-93.

[91] 周梅，余新晓，冯林.大兴安岭林区多年冻土退化的驱动力分析 [J]. 干旱区资源与环境，2002，16（4）：44-47.

[92] 周梦甜，李军，朱康文.西北地区 NDVI 变化与气候因子的响应关系研究 [J]. 水土保持研究，2015，22（3）：182-187.

[93] 周幼吾，杜榕桓.青藏高原冻土初步考察 [J]. 科学通报，1963，14（2）：60.

[94] 竺可桢，宛敏渭.物候学 [M]. 长沙：湖南教育出版社，1999.

[95]Ahmed M, Anchukaitis K J, Asrat A, et al. Continental-scale temperature variability during the past two millennia[J]. Nature Geoscience：2013，6：339-346.

[96]Asrar G, Fuchs M, Kanemasu E T, et al. Estimating Absorbed Photosynthetic Radiation and Leaf Area Index from Spectral Reflectance in Wheat[J]. Agronomy Journal,1984, 76 (2): 121A.

[97]Bao G, Qin Z, Bao Y, et al. NDVI-Based Long-Term Vegetation Dynamics and Its Response to Climatic Change in the Mongolian Plateau[J]. Remote Sensing,2014, 6 (9): 8337-8358.

[98]Barford C C, Wofsy S C, Goulden ML, et al. Factors controlling long- and short-term sequestration of atmospheric CO_2 in a mid-latitude forest[J]. Science,2001, 294 (5547): 1688-1691.

[99]Beck P S A, Atzberger C, Høgda K A, et al. Improved monitoring of vegetation dynamics at very high latitudes: A new method using MODIS NDVI[J]. Remote Sensing of Environment,2006, 100 (3): 321-334.

[100]Bian J, Li A, Song M, et al. Reconstruction of NDVI time-series datasets of MODIS based on Savitzky-Golay filter[J]. Journal of Remote Sensing,2010, 14 (4): 725-741.

[101]Bradley B A, Jacob R W, Hermance JF, et al. A curve fitting procedure to derive inter-annual phenologies from time series of noisy satellite NDVI data[J]. Remote Sensing of Environment,2007, 106 (2): 137-145.

[102]Busetto L, Colombo R, Migliavacca M, et al. Remote sensing of larch phenological cycle and analysis of relationships with climate in the Alpine region[J]. Global Change Biology,2010, 16 (9): 2504-2517.

[103]Buteau S, Fortier R, Delisle G, et al. Numerical simulation of the impacts of climate warming on a permafrost mound [J]. Permafrost and Periglacial Processes,2004, 15: 41-57.

[104]Butt B, Turner M D, Singh A, et al. Use of MODIS NDVI to evaluate changing latitudinal gradients of rangeland phenology in Sudano-Sahelian West Africa[J]. Remote Sensing of Environment,2011, 115 (12): 3367-3376.

[105]Cavenderbares J, Kozak K H, Fine P V, et al. The merging of community ecology and phylogenetic biology[J]. Ecology Letters,2009, 12(7): 693-715.

[106]Chapin F S I, Mcguire A D, Ruess R W, et al. Resilience of Alaska's boreal forest to climatic change[J]. Canadian Journal of Forest Research,2010, 40 (7): 1360-1370 (11).

[107]Cheng GD, Jin HJ. Permafrost and groundwater on the Qinghai-Tibet Plateau and in northeast China[J]. Hydrogeology Journal, 2013, 21 (1): 5-23.

[108]Chmielewski FM, Rötzer T. Response of tree phenology to climate change across Europe[J]. Agricultural & Forest Meteorology, 2001, 108(2): 101-112.

[109]Cleland EE, Chiariello NR, Loarie SR, et al. Diverse Responses of Phenology to Global Changes in a Grassland Ecosystem[J]. Proceedings of the National Academy of Sciences of the United States of America, 2006, 103 (37): 13740-13744.

[110]Collinson ST, Ellis RH, Summerfield RJ, et al. Durations of the Photoperiod-sensitive and Photoperiod-insensitive Phases of Development to Flowering in Four Cultivars of, Rice (Oryza sativa L.)[J]. Annals of Botany, 1992, 70 (4): 339-346.

[111]Cong N, Piao SL, Chen AP, et al. Spring vegetation green-up date in China inferred from SPOT NDVI data: A multiple model analysis[J]. Agricultural and Forest Meteorology, 2012, 165 (165): 104-113.

[112]Craufurd PQ, Qi A. Photothermal adaptation of sorghum (Sorghum bicolour) in Nigeria[J]. Agricultural & Forest Meteorology, 2001, 108 (3): 199-211.

[113]Delbart N, Toan TL, Kergoat L, et al. Remote sensing of spring phenology in boreal regions: A free of snow-effect method using NOAA-AVHRR and SPOT-VGT data (1982—2004)[J]. Remote Sensing of Environment, 2006, 101 (1): 52-62.

[114]Deng SF, Yang TB, Zeng B, et al. Vegetation Cover Variation in the Qilian Mountains and its Response to Climate Change in 2000—2011[J]. Journal of Mountain Science, 2013, 10 (6): 1050-1062.

[115]Ding D, Chen XQ. A Study on Surface Validation of the Satellite-derived Vegetation Growing Season in China——A Case of the Temperate Steppe Area and the Warm Temperate Deciduous Broad-leaved Forest Area[J]. Remote Sensing Technology & Application, 2007, 22 (3): 382-388.

[116]Dragoni D, Rahman AF. Trends in fall phenology across the deciduous forests of the Eastern USA[J]. Agricultural & Forest Meteorology, 2012, 157 (157): 96-105.

[117]Epstein HE, Myerssmith I, Walker DA. Recent dynamics of arctic and sub-arctic vegetation[J]. Environmental Research Letters,2013, 8(1): 015040.

[118]Fang JY, Piao SL, Field CB, et al. Increasing net primary production in China from 1982 to 1999[J]. Frontiers in Ecology and the Environment,2003, 1 (6): 293-297.

[119]Fang JY, Yoda K. Climate and vegetation in China III water balance and distribution of vegetation[J]. Ecological Research,1990, 5(1): 9-23.

[120]Farrar TJ, Nicholson SE, Lare AR. The influence of soil type on the relationships between NDVI, rainfall, and soil moisture in semiarid Botswana. I. NDVI response to rainfall[J]. Remote Sensing of Environment, 1994, 50 (2): 107-120.

[121]Fensholt R, Proud SR. Evaluation of Earth Observation based global long term vegetation trends—Comparing GIMMS and MODIS global NDVI time series[J]. Remote Sensing of Environment,2012, 119 (3): 131-147.

[122]Fischer A. A model for the seasonal variations of vegetation indices in coarse resolution data and its inversion to extract crop parameters. [J]. Remote Sensing of Environment,1994, 48 (2): 220-230.

[123]Fisher JI, Mustard JF. Cross-Scalar Satellite Phenology from Ground, Landsat, and MODIS Data[J]. Remote Sensing of Environment, 2007, 109 (3): 261-273.

[124]Fisher JI, Mustard JF, Vadeboncoeur MA. Green leaf phenology at Landsat resolution: Scaling from the field to the satellite[J]. Remote Sensing of Environment,2006, 100 (2): 265-279.

[125]Gillett NP, Arora VK, Zickfeld K, et al. Ongoing climate change following a complete cessation of carbon dioxide emissions[J]. Nature Geoscience,2011, 4 (2): 83-87.

[126]Goetz SJ, Bunn AG, Fiske GJ, et al. Satellite-observed photosynthetic trends across boreal North America associated with climate and fire disturbance[J]. Proceedings of the National Academy of Sciences of the United States of America,2005, 102 (38): 13521-13525.

[127]Gong DY, Ho CH. Detection of large-scale climate signals in spring vegetation index (normalized difference vegetation index) over the

Northern Hemisphere[J]. Journal of Geophysical Research Atmospheres, 2003, 108（D16）: 4498.

[128]Guglielmin M, Evans CJE, Cannone N. Active layer thermal regime under different vegetation conditions in permafrost areas. A case study at Signy Island（Maritime Antarctica）[J]. Geoderma, 2008, 144（1）: 73-85.

[129]Guo J, Hu Y, Xiong Z, et al. Variations in Growing-Season NDVI and Its Response to Permafrost Degradation in Northeast China[J]. Sustainability, 2017, 9（4）: 551.

[130]Guo L, Dai J, Ranjitkar S, et al. Response of chestnut phenology in China to climate variation and change[J]. Agricultural & Forest Meteorology, 2013, 180（180）: 164-172.

[131]Harris SA, French HM, Heginbottom JA, et al. Glossary of Permafrost and Related Ground-Ice Terms[J]. Arctic & Alpine Research: 1988, 21（2）: 213.

[132]Helmut LPD. Phenology and Seasonality Modeling[J]. Ecological Studies, 1975, 120（6）: 461.

[133]Herrmann SM, Anyamba A, Tucker CJ. Recent trends in vegetation dynamics in the African Sahel and their relationship to climate[J]. Global Environmental Change, 2017, 15（4）: 394-404.

[134]Hird JN, Mcdermid GJ. Noise reduction of NDVI time series: An empirical comparison of selected techniques[J]. Remote Sensing of Environment, 2009, 113（1）: 248-258.

[135]Holben BN. Characteristics of maximum-value composite images from temporal AVHRR data[J]. International Journal of Remote Sensing, 1986, 7（11）: 1417-1434.

[136]Huete A, Didan K, Miura T, et al. Overview of the radiometric and biophysical performance of the MODIS vegetation indices[J]. Remote Sensing of Environment: 2002, 83（1）: 195-213.

[137]Hufkens K, Friedl MA, Keenan TF, et al. Ecological impacts of a widespread frost event following early spring leaf-out [J]. Global Change Biology, 2012, 18（7）: 2365-2377.

[138]Ichii K, Kawabata A, Yamaguchi Y. Global correlation analysis for NDVI and climatic variables and NDVI trends: 1982—1990[J]. International Journal of Remote Sensing, 2002, 23（18）: 3873-3878.

[139]IPCC. Climate Change 2013. The Physical Science Basis[M]. Cambridge University Press, Cambridge, UK, 2013.

[140]Jin H, Yu Q, Lü L, et al. Degradation of permafrost in the Xing'anling Mountains, northeastern China[J]. Permafrost & Periglacial Processes, 2007, 18（3）: 245-258.

[141]Jeganathan C, Dash J, Atkinson PM. Remotely sensed trends in the phenology of northern high latitude terrestrial vegetation, controlling for land cover change and vegetation type[J]. Remote Sensing of Environment, 2014, 143（5）: 154-170.

[142]Jeong SJ, Chang-Hoi HO, Gim HJ, et al. Phenology shifts at start vs. end of growing season in temperate vegetation over the Northern Hemisphere for the period 1982–2008[J]. Global Change Biology, 2011, 17（7）: 2385–2399.

[143]Johansson T, Malmer N, Crill PM, et al. Decadal vegetation changes in a northern peatland, greenhouse gas fluxes and net radiative forcing[J]. Global Change Biology, 2006, 12（12）: 2352–2369.

[144]Jonsson P, Eklundh L. Seasonality extraction by function fitting to time-series of satellite sensor data[J]. Geoscience & Remote Sensing IEEE Transactions on, 2002, 40（8）: 1824-1832.

[145]Jorgenson MT, Racine C H, Walters JC, et al. Permafrost Degradation and Ecological Changes Associated with a WarmingClimate in Central Alaska[J]. Climatic Change, 2001, 48（4）: 551-579.

[146]Joshi M, Hawkins E, Sutton R, et al. Projections of when temperature change will exceed 2 [deg]C above pre-industrial levels[J]. Nature Climate Change, 2011, 1（8）: 407-412.

[147]Julien Y. Sobrino JA. Global land surface phenology trends from GIMMS database[J]. International Journal of Remote Sensing, 2009, 30（13）: 3495-3513.

[148]Justice CO, Townshend JRG, Holben BN, et al. Analysis of the phenology of global vegetation using meteorological satellite data[J]. International Journal of Remote Sensing, 1985, 6（8）: 1271-1318.

[149]Koltunov A, Ustin SL, Asner GP, et al. Selective logging changes forest phenology in the Brazilian Amazon: Evidence from MODIS image time series analysis[J]. Remote Sensing of Environment, 2009, 113（11）: 2431-2440.

[150]Kutzbach J, Bonan G, Foley J, et al. Vegetation and soil feedbacks on the response of the African monsoon to orbital forcing in the early to middle Holocene[J]. Nature,1996, 384（6610）: 623-626.

[151]Li RP, Liu XM, Zhou GX. The characteristics of Phragmites phenology in Panjin wetland and its responses to climatic change[J]. Journal of Meteorology and Environment,2006, 22（4）: 30-34.

[152]Li X, Cheng GD. A GIS-aided response model of high-altitude permafrost to global change[J]. Science in China: 1999, 42（1）: 72-79.

[153]Liu Q, Fu YH, Zeng Z, et al. Temperature, precipitation, and insolation effects on autumn vegetation phenology in temperate China[J]. Global Change Biology,2016, 22（2）: 644-655.

[154]Liu X, Zhu X, Li S, et al. Changes in growing season vegetation and their associated driving forces in china during 2001-2012. Remote Sensing,2015, 7: 15517-15535.

[155]Lloyd D. A phenological classification of terrestrial vegetation cover using shortwave vegetation index imagery[J]. International Journal of Remote Sensing,1990, 11（12）: 2269-2279.

[156]Los SO, Collatz GJ, Bounoua L, et al. Global Interannual Variations in Sea Surface Temperature and Land Surface Vegetation, Air Temperature, and Precipitation.[J]. Journal of Climate,2001, 14（7）: 1535-1549.

[157]Lotsch A, Friedl MA, Anderson B T, et al. Response of terrestrial ecosystems to recent Northern Hemispheric drought[J]. Geophysical Research Letters,2005, 32（6）: 347-354.

[158]Lucht W, Prentice IC, Myneni RB, et al. Climatic Control of the High-Latitude Vegetation Greening Trend and Pinatubo Effect[J]. Science, 2002, 296（5573）: 1687-9.

[159]Markon CJ, Fleming MD, Binnian EF. Characteristics of vegetation phenology over the Alaskan landscape using AVHRR time-series data[J]. Polar Record,1995, 31（177）: 179-190.

[160]Mao D, Wang Z, Luo L, et al. Integrating AVHRR and MODIS data to monitor NDVI changes and their relationships with climatic parameters in Northeast China[J]. International Journal of Applied Earth Observations and Geoinformation,2012, 18（1）: 528-536.

[161]Meehl GA, Covey C, Taylor KE, et al. THE WCRP CMIP3

Multimodel Dataset: A New Era in Climate Change Research[J]. Bulletin of the American Meteorological Society, 2007, 88 (9): 1383-1394.

[162]Myneni RB, Keeling CD, Tucker CJ, et al. Increased plant growth in the northern high latitudes from 1981 to 1991[J]. Nature, 1997, 386 (6626): 698-702.

[163]Neil KL, Landrum L, Wu JG. Effects of urbanization on flowering phenology in the metropolitan phoenix region of USA: Findings from herbarium records[J]. Journal of Arid Environment, 2010, 74 (4): 440-444.

[164]Otto A, Otto FEL, Boucher O, et al. Energy budget constraints on climate response[J]. Nature Geoscience, 2013, 6 (6): 415-416.

[165]Pearson RG, Phillips SJ, Loranty MM, et al. Shifts in Arctic vegetation and associated feedbacks under climate change[J]. Nature Climate Change, 2013, 3 (7): 673-677.

[166]Pedelty J, Devadiga S, Masuoka E, et al. Generating a long-term land data record from the AVHRR and MODIS Instruments[C]. IEEE International Geoscience and Remote Sensing Symposium, 2007: 1021-1025.

[167]Peng S, Chen A, Xu L, et al. Recent change of vegetation growth trend in China[J]. Environmental Research Letters, 2011, 6 (4): 044027.

[168]Piao SL, Ciais P, Friedlingstein P, et al. Net carbon dioxide losses of northern ecosystems in response to autumn warming.[J]. Nature, 2008, 451 (7174): 49-52.

[169]Piao SL, Ciais·P, Huang Y, et al. The impacts of climate change on water resources and agriculture in China[J]. Nature, 2010, 467 (7311): 43-51.

[170]Piao SL, Fang JY, Ji W, et al. Variation in a satellite-based vegetation index in relation to climate in China[J]. Journal of Vegetation Science Official Organ of the International Association for Vegetation Science, 2004, 15 (2): 219-226.

[171]Piao SL, Fang JY, Zhou LM, et al. Variations in satellite-derived phenology in China's temperate vegetation[J]. Global Change Biology, 2010, 12 (4): 672-685.

[172]Piao SL, Fang JY, Zhou LM, et al. Interannual variations of monthly and seasonal normalized difference vegetation index (NDVI) in

China from 1982 to 1999[J]. Journal of Geophysical Research Atmospheres, 2003, 108（D14）：4401.

[173]Piao SL, Mohammat A, Fang JY, et al. NDVI-based increase in growth of temperate grasslands and its responses to climate changes in China[J]. Global Environmental Change,2006, 16（4）：340-348.

[174]Piao SL, Wang X, Ciais P, et al. Changes in satellite-derived vegetation growth trend in temperate and boreal Eurasia from 1982 to 2006[J]. Global Change Biology,2011, 17（10）：3228-3239.

[175]Pope KS, Dose V, Da SD, et al. Detecting nonlinear response of spring phenology to climate change by Bayesian analysis[J]. Global Change Biology,2013, 19（5）：1518－1525.

[176]Poutou E, Krinner G, Genthon C, et al. Role of soil freezing in future boreal climate change[J]. Climate Dynamics,2004, 23（6）：621-639.

[177]Ran Y, Li X, Cheng G, et al. Distribution of Permafrost in China：An Overview of Existing Permafrost Maps[J]. Permafrost & Periglacial Processes,2012, 23（4）：322－333.

[178]Rasmussen MS. Developing simple, operational, consistent NDVI-vegetation models by applying environmental and climatic information. Part II：Crop yield assessment[J]. International Journal of Remote Sensing,1998, 19（1）：119-139.

[179]Raynolds MK, Walker DA, Verbyla D, et al. Patterns of Change within a Tundra Landscape：22-year Landsat NDVI Trends in an Area of the Northern Foothills of the Brooks Range, Alaska[J]. Arctic Antarctic and Alpine Research,2013, 45（2）：249-260.

[180]Reed BC, Brown JF, Vanderzee D, et al. Measuring Phenological Variability from Satellite Imagery[J]. Journal of Vegetation Science,1994, 5（5）：703－714.

[181]Rouse J W. Monitoring the vernal advancement and retrogradation （greenwave effect）of natural vegetation[J]. Nasa,1974.

[182]Running SW, Nemani RR. Relating seasonal patterns of the AVHRR vegetation index to simulated photosynthesis and transpiration of forests in different climates[J]. Remote Sensing of Environment,1988, 24（2）：347-367.

[183]Sakamoto T, Yokozawa M, Toritani H, et al. A crop phenology

detection method using time-series MODIS data[J]. Remote Sensing of Environment, 2005, 96 (3): 366–374.

[184]Schultz PA, Halpert MS. Global analysis of the relationships among a vegetation index, precipitation and land surface temperature[J]. International Journal of Remote Sensing, 1995, 16 (15): 2755–2777.

[185]Schwartz MD. Green-wave phenology[J]. Nature, 1998, 394(6696): 839–840.

[186]Shrestha UB, Gautam S, Bawa KS. Widespread Climate Change in the Himalayas and Associated Changes in Local Ecosystems[J]. Plos One, 2012, 7 (5): e36741.

[187]Solomon, D, Lehmann L, Kinyangi J, et al. Long-term impacts of anthropogenic perturbations on dynamics and speciation of organic carbon in tropical forest and subtropical grassland ecosystems[J]. Global Change Biology, 2007, 13 (2): 511–530.

[188]Song Y, Achberger C, Linderholm HW. Rain-season trends in precipitation and its' effect in different climate regions of China during 1961—2008[J]. Environmental Research Letters, 2011, 6 (3): 329–346.

[189]Song Y, Ma MG. A statistical analysis of the relationship between climatic factors and the Normalized Difference Vegetation Index in China[J]. International Journal of Remote Sensing, 2011, 32 (14): 3947–3965.

[190]St ckli R, Vidale PL. European plant phenology and climate as seen in a 20-year AVHRR land-surface parameter dataset[J]. International Journal of Remote Sensing, 2004, 25 (17): 3303–3330.

[191]Sugimoto A, Yanagisawa N, Naito D, et al. Importance of permafrost as a source of water for plants in east Siberian taiga[J]. Ecological Research, 2002, 17 (4): 493–503.

[192]Sun W, Song X, Mu X, et al. Spatiotemporal vegetation cover variations associated with climate change and ecological restoration in the Loess Plateau[J]. Agricultural & Forest Meteorology, 2015, 209–210 (1): 87–99.

[193]Tang H, Li Z, Zhu Z, et al. Variability and climate change trend in vegetation phenology of recent decades in the Greater Khingan Mountain area, Northeastern China[J]. Remote Sensing, 2015, 7 (9): 11914–11932.

[194]Tateishi R, Ebata M. Analysis of phenological change patterns using 1982—2000 Advanced Very High Resolution Radiometer (AVHRR)

data[J]. International Journal of Remote Sensing,2004, 25（12）: 2287-2300.

[195]Taylor AE, Wang K, Smith SL, et al. Canadian Arctic Permafrost Observatories: Detecting contemporary climate change through inversion of subsurface temperature time series[J]. Journal of Geophysical Research Solid Earth,2006, 111（B2）: 1-14.

[196]Tucker CJ, Slayback DA, Pinzon JE, et al. Higher northern latitude normalized difference vegetation index and growing season trends from 1982 to 1999[J]. International Journal of Biometeorology,2001, 45(4): 184-190.

[197]Tutubalina OV, Rees WG. Vegetation degradation in a permafrost region as seen from space: Noril'sk（1961—1999）[J]. Cold Regions Science and Technology, 2001, 32（2-3）: 191-203.

[198]Wang H, Li XB, Ying G, et al. The Methods of Simulating Vegetation Growing Season Based on NOAA NDVI[J]. Progress in Geography,2006, 25（6）: 21-32.

[199]Wang H, Ma M, Wang X, et al. Seasonal variation of vegetation productivity over an alpine meadow in the Qinghai - Tibet Plateau in China: modeling the interactions of vegetation productivity, phenology, and the soil freeze - thaw process[J]. Ecological Research,2013, 28（2）: 271-282.

[200]Wang S, Jin H, Li S, et al. Permafrost degradation on the Qinghai - Tibet Plateau and its environmental impacts[J]. Permafrost & Periglacial Processes,2000, 11（1）: 43-53.

[201]Wang S, Yang B, Yang Q, et al. Temporal Trends and Spatial Variability of Vegetation Phenology over the Northern Hemisphere during 1982—2012[J]. Plos One,2016, 11（6）: e0157134.

[202]Wang Z, Yang G, YiS, et al. Different response of vegetation to permafrost change in semi-arid and semi-humid regions in Qinghai - Tibetan Plateau[J]. Environmental Earth Sciences,2012, 66（3）: 985-991.

[203]Warren R, Vanderwal J, Price J, et al. Quantifying the benefit of early climate change mitigation in avoiding biodiversity loss[J]. Nature Climate Change,2014, 3（7）: 678-682.

[204]Woo MK, Lewkowicz AG, Rouse WR. Response of the Canadian permafrost environment to climatic change [J]. Physical Geography,1992,

13（4）：287–317.

[205]Wu X, Liu H. Consistent shifts in spring vegetation green–up date across temperate biomes in China, 1982–2006[J]. Global Change Biology, 2013, 19（3）：870–80.

[206]Wu X, Liu H. Consistent shifts in spring vegetation green–up date across temperate biomes in China, 1982—2006[J]. Global Change Biolog, 2013, 19（3）：870–80.

[207]Xia C, Li J, Liu Q. Review of advances in vegetation phenology monitoring by remote sensing[J]. Journal of Remote Sensing, 2013, 17（1）：1–16.

[208]Xu L, Myneni RB, Iii FSC, et al. Temperature and vegetation seasonality diminishment over northern lands[J]. Nature Climate Change, 2013, 3（6）：581–586.

[209]Xu XT, Piao SL, Wang XH, et al. Spatio–temporal patterns of the area experiencing negative vegetation growth anomalies in China over the last three decades[J]. Environmental Research Letters,2012, 7（3）：035701.

[210]Yang L, Wylie BK, Tieszen LL, et al. An analysis of relationships among climate forcing and time–integrated NDVI of grasslands over the U.S. northern and central Great Plains[J]. Remote Sensing of Environment,1998, 65（1）：25–37.

[211]Yu H, Luedeling E, Xu J. Winter and spring warming result in delayed spring phenology on the Tibetan Plateau[J]. Proceedings of the National Academy of Sciences of the United States of America,2010, 107（51）：22151–22156.

[212]Yu FF, Price KP, Ellis J, et al. Response of seasonal vegetation development to climatic variations in eastern central Asia[J]. Remote Sensing of Environment：2003, 87（1）：42–54.

[213]Yang, ZP, Gao JX, Zhou CP, et al. Spatio–temporal changes of NDVI and its relation with climatic variables in the source regions of the Yangtze and Yellow rivers[J]. Journal of Geographical Sciences,2011, 21（6）：979–993.

[214]Zeng H, Jia G, Epstein H. Recent changes in phenology over the northern high latitudes detected from multi–satellite data[J]. Environmental Research Letters,2011, 6（4）：45508–45518（11）.

[215]Zeng H, Jia G, Forbes BC. Shifts in Arctic phenology in response to climate and anthropogenic factors as detected from multiple satellite time series[J]. Environmental Research Letters, 2013, 8（3）: 035036.

[216]Zhang G, Zhang Y, Dong J, et al. Green-up dates in the Tibetan Plateau have continuously advanced from 1982 to 2011[J]. Proceedings of the National Academy of Sciences of the United States of America, 2013, 110（11）: 4309.

[217]Zhang X, Friedl MA, Schaaf CB, et al. Monitoring vegetation phenology using MODIS[J]. Remote Sensing of Environment, 2003, 84（3）: 471-475.

[218]Zhang X, Friedl MC, Strahler A. Climate controls on vegetation phenological patterns in northern mid-and high latitudes inferred from MODIS data[J]. Global Change Biology, 2004, 10（7）: 1133-1145.

[219]Zhao M, Running SW. Drought-induced reduction in global terrestrial net primary production from 2000 through 2009[J]. Science, 2010, 329（5994）: 940-943.

[220]Zhao J, Wang Y, Zhang Z, et al. The Variations of Land Surface Phenology in Northeast China and Its Responses to Climate Change from 1982 to 2013[J]. Remote Sensing, 2016, 8（5）: 400.

[221]Zhao J, Zhang H, Zhang Z, et al. Spatial and Temporal Changes in Vegetation Phenology at Middle and High Latitudes of the Northern Hemisphere over the Past Three Decades[J]. Remote Sensing, 2015, 7（8）: 10973-10995.

[222]Zhi W, Jin H J, Zhang J M, et al. Prediction of permafrost changes in Northeastern China under a changing climate[J]. Science China Earth Sciences, 2011, 54（6）: 924-935.

[223]Zhou D, Fan G, Huang R, et al. Interannual Variability of the Normalized Difference Vegetation Index on the Tibetan Plateau and Its Relationship with Climate Change[J]. Advances in Atmospheric Sciences, 2007, 24（3）: 474-484.

[224]Zhou L, Tucker CJ, Kaufmann RK, et al. Variations in northern vegetation activity inferred from satellite data of vegetation index during 1981 to 1999[J]. Journal of Geophysical Research Atmospheres, 2001, 106（D17）: 20069-20084.

[225]Zhu W, Tian H, Xu X, et al. Extension of the growing season

due to delayed autumn over mid and high latitudes in North America during 1982—2006[J]. Global Ecology & Biogeography,2012, 21（2）: 260‑271.

[226]Zhuang Q, Mcguire AD, Melillo JM, et al. Carbon cycling in extratropical terrestrial ecosystems of the Northern Hemisphere during the 20th century: a modeling analysis of the influences of soil thermal dynamics[J]. Tellus,2010, 55（3）: 751–776.